茶道与文学

吴远之　耿晓辉　著

人民东方出版传媒
東方出版社

目录

余
论

绪论 / 在道、茶、文之间

茶，这枚诞生于宇宙洪荒时代的树叶，与远古人类共同走过冰河世纪之后，在历尽劫灰之余，终于被我们的祖先认识，进而成为知己。从药用解毒到佐食烹调，再到单一饮品，我们对于一枚树叶的认识逐渐走向深入。我们不再仅仅关注于茶的清香、甘甜或是苦涩，而是从茶中品出了些许人生况味和那些说不尽、道不明的精微思绪。一旦与人类的心灵相通，茶最终在百千饮品中脱颖而出。“芳茶冠六清，溢味播九区”[1]，茶不再是一枚普普通通的树叶，也不只是一种让人心旷神怡的滋味，而是逐渐跳出物质世界的藩篱，开始与人类的精神世界对接，并与“道”终成一体，形成蔚为壮观的“茶道”一门。

道的本意是路径，在人类抽象思维的引申下，道逐渐被赋以“神”与“真理”的深刻内涵。《老子》说“道可道，非常道”[2]，意在言明，思想和言说之间似乎存在着一种永恒的悖谬关系[3]，真理一旦诉诸言语成为能够被说出来的真理，也就不再是真理了；《圣经》也说，“太初有道，道与神同在”[4]，意在言明，“道就是神，道就是主宰一切的造物主”。刘勰《原道》亦谓“夫玄黄色杂，方

[1] 语出西晋诗人张载《登成都白菟楼》诗，收入逯钦立辑校：《先秦汉魏晋南北朝诗》，中华书局 1983 年版，第 740 页。

[2] 陈鼓应注译：《老子今注今译》，商务印书馆 2006 年版，第 1 页。

[3] 参见张隆溪著，冯川译：《道与逻各斯——东西方文学阐释学》，江苏教育出版社 2006 年版，第 40 页。

[4] 中国基督教两会：《圣经》（中英文和合本），爱德印刷有限公司 1996 年版，第 1610 页。

圆体分；日月叠璧，以垂丽天之象；山川焕绮，以铺理地之形。此盖道之文也”[1]，这似乎也在言明，“道与文，文与道，也存在着某种说不出、理还乱的关系”，于是“文道”生焉。于是，我们便看到了这样一个有趣的现象：在茶和文之间，这个本来相去甚远的语义鸿沟，竟然被“道”轻而易举地填平；而道作为二者沟通的桥梁，不仅时常将茶和文（包括文字、文章、文辞等，可统称为文学）联结起来，而且，也让它们在对话中互相渗透，甚至互相影响，以至互为表里，俱得风流，并最终在“道”的层面达到统一。

因此，茶与文、茶道与文学，从本质上说其实是一个问题，其所涉及的范围甚为广泛。从文体上说，有关茶的神话、传说及诗文、戏曲等（不管是口头上的，还是落实在文本中的）文学形式的广泛存在，是茶道与文学得以联系起来的文献基础和文化源头；从历史渊源上讲，中华五千年的文明史中，茶和文早在炎帝神农时期就凭借着几则神话发生了紧密联系，此后的数千年它们就犹如一对亲兄弟，在众多诗文词赋中频频出现，它们不分彼此、不论贵贱，共同谱写出了华夏民族的辉煌史诗；从影响范围来看，茶不仅深入文人内心，与文人的文学创作活动密切相关，而且茶也进入了贩夫走卒的日常生活，进入了寻常百姓家，并成为文学创作的取材对象，成为文学描写的重要方面。茶的身影丰富了文学表现的冲击力，也深刻影响了华夏民族的审美和价值倾向。“俗人多泛酒，谁解助茶香？”[2] 诗文中自从有了茶，就有了一种雅致的生活追求，有了

[1] 刘勰撰，范文澜注：《文心雕龙注》，人民文学出版社 1958 年版，第 2 页。

[2] 语出唐代诗僧皎然《九日与陆处士饮茶》一诗，收入彭定求等编：《全唐诗》，中华书局 1999 年版，第 9211 页。

一种为人处世的做人行事风格，最重要的是多了几分参透宇宙人生的功力。

总之，在茶与文、茶道与文学之间，存在着千丝万缕的联系，这种联系的集中体现就是涉茶诗文、神话、小说等各类文学作品的大量存在。可以说，任何一篇关于茶的文学作品都是“茶、文、道”三位一体关系的具体显现。同时，持续繁复呈现的文学作品，在关于“茶”的互文关系中不断推陈出新，就如同一次次清雅且密集至极的文本尝试，更像是一次次意义深刻的思想碰撞，不经意间已将茶道与文学同步推向深入。因此，要想彻底弄清其中纷繁复杂的奥秘所在，就需要从不同的文体及文本入手，通过对涉茶文学作品的细致解读，去发现其中难以言说的隐微曲折。

一、静品幽思，茶道与文学的对话

“茶道”一词语出唐诗僧皎然的《饮茶歌诮崔石使君》一诗，其中有言：“三饮便得道，何须苦心破烦恼……孰知茶道全尔真，唯有丹丘得如此。”[1] 短短数语之中，“道”字凡两见，“茶道”凡一见，说明皎然十分重视饮茶过程中的“得道”体验，并首次明确将物质属性的“茶”及与“茶”有关的品饮活动上升为精神属性的“道”和“修道”之重要途径。此种观点，与其好友茶圣陆羽的见解颇有不谋而合之处，陆羽指出：“茶之为用，味至寒，为饮，最宜精行俭德之人。”[2] 其中，“精行俭德”四字十分精练地阐述

[1] 语出皎然《饮茶歌诮崔石使君》一诗，收入彭定求等编：《全唐诗》，中华书局 1999 年版，第 9260 页。

[2] 陆羽撰，沈冬梅校注：《茶经校注》，中国农业出版社 2007 年版，第 2 页。

了茶的精神气质，同时，这也可看成是对皎然“茶道”一语内涵的简略说明。此后，无论是宋徽宗赵佶在《大观茶论》中对茶道精神“祛襟涤滞，致清导和”[1]的概括，还是明代张源于《茶录》一书中对“造时精，藏时燥，泡时洁”[2]之茶道核心内容的提倡，都基本上延续了皎然着重强调“茶”之精神属性的思路。

古人对“茶”和“茶道”的深刻认识，也深深影响到了今人对“茶道”的理解。在全面总结了历代茶道、茶文化相关论述及日、韩茶道的特点，充分吸收了日、韩茶道的精髓之后[3]，现代茶人特别点明茶道不仅是一门品饮的艺术，更重要的是其与儒、释、道思想

[1] 赵佶等著，沈冬梅、李涓编著：《大观茶论》（外二种），中华书局 2013 年版，第 5 页。

[2] 张源撰：《茶录》，收入朱自振、沈冬梅编著：《中国古代茶书集成》，上海文化出版社 2010 年版，第 247 页。

[3] 关于日、韩茶道，学者们普遍认为“茶道”虽然源于华夏，但却在日、韩获得了前所未有的发展，甚至充分介入了日、韩国民的日常生活和精神思想领域。尤其是在日本，一些学者较早便开始试图从现代学术角度为“茶道”重新定义一个能够为学术界普遍接受的科学概念和范畴。较有影响的如谷川徹三，他以艺术的隔离性为根据，将茶道定义为，以身体的动作为媒介而演出的艺术。久松真一则从宗教角度对茶道进行了分析，他认为茶道文化的内核是禅。茶道忠实实现了禅的“本来无一物”“无一物中无尽藏”的修行思想，并把禅宗从寺院伽蓝中解放出来，使禅与庶民生活相结合，创造了新的禅文化。熊仓功夫另辟蹊径，以史学家的眼光对茶道内涵进行了考察，主张茶道是一种室内艺能。仓泽行洋再从哲学角度出发，提出了茶道与人心双向交通的命题，认为茶道以深远的哲学思想为背景，综合生活文化，是东方文化之精华，道是通向彻悟人生之路，茶道是至心之路，又是心至茶之路。（参见林瑞萱：《日本茶道源流——南方录讲义》，陆羽茶艺股份有限公司〔台北〕1991 年版，第 40—45 页；千宗室著，萧艳萍译，修刚校：《〈茶经〉与日本茶道的历史意义》，南开大学出版社 1992 年版，第 175—183 页；滕军：《日本茶道文化概论》，东方出版社 1994 年版，第 1—6 页；靳飞：《茶禅一味：日本的茶道文化》，百花文艺出版社 2003 年版，第 103、218 页；千玄室监修：《日本茶道论》，中国社会科学出版社 2004 年版，第 77—97 页；孙机：《中国茶文化与日本茶道》，《中国历史博物馆馆刊》1996 年 6 月刊；张建立：《日本茶道浅析》，《日本学刊》2004 年第 5 期；施由明：《自由的性灵舒放与刻意的精神修炼——试析中国茶文化与日本茶道的根本不同》，《农业考古》2009 年 4 月。

及人生修养、生命领悟等主题具有深层次的联系[1]，诚如周作人所言:“茶道的意思，用平凡的话来说，可以称作忙里偷闲，苦中作乐，在不完全现实中享受一点美与和谐，在刹那间体会永久。”[2]作为现代文学史上十分重要的一位散文作家，周作人对“茶道”的理解集中体现在他精心构撰的一篇散文《喝茶》当中，以此反观皎然“茶道”理念的提出也是借由其创作的诗歌来传达的，二者之间虽然没有明确的文献继承线索，但是这种跨越了千年的茶道与文学的相遇绝不仅仅是一个巧合。事实上，自古及今的大量文学作品里，都频繁出现了茶的艺术形象和茶道的相关理念，可以说文学作品是除了专门的茶书（诸如《茶经》《大观茶论》《续茶经》等）之外，最为重要的茶道及茶文化载体。朱海燕甚至认为，正是因为茶文化与诗词文化的完美契合，才迎来了唐宋时期茶文化、茶诗词的盛世光景，而一首首千古流传的茶诗词，毋宁说更是组成了一部诗化的茶文化

[1] 吴觉农认为茶道就是把茶视为一种高尚的饮料，饮茶是一种精神上的享受，是一种艺术，是一种修身养性的手段。庄晚芳更进而概括出茶道中包含了“廉、美、和、敬”的理念，林治则认为“和、敬、怡、真”应作为中国茶道的四谛。虽然这些观点并没有最终统一，但现代学者已基本上认可茶道的内容不仅包括茶艺、茶礼、茶境等内容，更重要的是还包含修道的要求，其对净化人们的思想意识，提高道德水准，促进社会主义精神文明建设都有着极为重要的作用。相关论述可参考吴觉农主编:《茶经述评》，中国农业出版社 2005 年版；庄晚芳:《中国茶史散论》，科学出版社 1988 年版；林治:《中国茶道》，中国工商联合出版社 2000 年版；姚国坤:《茶文化概论》，浙江摄影出版社 2004 年版；吴远之主编:《大学茶道教程》（第二版），知识产权出版社 2013 年版；王玲:《儒家思想与中国茶道精神》，《北京社会科学》1992 年第 2 期；尹志邦、杨俊:《茶道“四谛”略议》，《成都理工大学学报（社会科学版）》2007 年第 3 期；李萍:《中国传统文化与茶道四境说》，《北京科技大学学报（社会科学版）》2015 年第 5 期。

[2] 语出周作人文《喝茶》，收入周作人著《雨天的书》，人民文学出版社 2000 年版，第 28 页。

史[1]。因此，我们可以说茶道与文学自古以来就具有着相同的文化基因，中国茶道的精神追求，在很多时候与中国文学的精神追求不是互相矛盾，而是互为启发的。中国文学中所表现出的那种“吾道自足”的理性光芒，主要包括自得自乐的人文旨趣、自娱自适的创作心态、自彰自明的言志传统、自珍自恋的物化情结（比如中国文人对梅兰竹菊等内在品质的揭示与其对茶之精义的比拟并无本质上的不同）等[2]，也都能在茶道精神实质和内涵的诸家阐述中得到印证。这主要体现在以下几个方面：

一是从茶道和文学活动的行为主体上看，文人士大夫始终都是广泛而深入参与其中的核心成员，这是茶道与文学能够关联在一起的根基所在。被尊为茶圣或茶神的陆羽，因其经典著作《茶经》的传世，而以茶学开山祖师的身份名传千古。然而，在茶圣、茶神光芒的掩盖下，人们往往忽略了陆羽同时也是唐代的著名诗人兼文学家的身份。据粗略统计，《全唐诗》中共收录有陆羽的诗作 2 首、残句 3 条，以及与他人唱和共同完成的联句诗 15 首[3]，这些流传至今的诗作虽说只是陆羽一生文学创作的九牛一毛，但已能初步见出其作诗的超绝功力。尤其值得一提的是，陆羽一生交游甚广，凡所结交几乎囊括了其同时代的最优秀的诗人和文学家，他们一起品茗论文，逐渐形成了一个以他为中心的既谈茶道又通文学的文化圈子[4]。而且，陆羽的文学才华和诗歌创作早在唐代便获得了同时代人的一致好评，其中不乏颜真卿、刘长卿、权德舆、戴叔伦、孟

[1] 朱海燕：《中国茶美学研究——唐宋茶美学思想与当代茶美学建设》，博士学位论文，湖南农业大学，2008 年，第 15—17 页。

[2] 参见胡晓明：《中国诗学之精神》，江西人民出版社 2001 年版，第 231—242 页。

[3] 参见史念祖：《〈全唐诗〉中的陆羽史料考述》，《中国农史》1984 年第 1 期。

[4] 参见文野、英峰：《中唐湖州茶文化圈——兼谈陆羽等与茶道文化的诞生》，《楚雄师范学院学报》2015 年第 5 期；丁国强：《游走在“乐群”与“乐道”之间——从“交游酬唱”诗看中唐湖州文人茶友的文化心态》，《湖州职业技术学院学报》2014 年第 4 期。

郊、皎然等卓然大家，他们无一例外都对陆羽品茶鉴文之才能钦服有加。因此，即使没有《茶经》的写作，陆羽也能凭借其文学才华和上乘诗作被划入他那个时代的大文学家行列而毫不逊色[1]。只可惜，目前流传下来能为后人所看到的有关陆羽的文学材料已是少之又少，我们很难根据历史文献上的只言片语就复原出陆羽的全部文学成果和其取得的巨大成就，但陆羽身为文人士大夫中的一员，并在《茶经》的写作中颖悟茶道的事实是无可置疑的。同样，与陆羽交好的众多文人，他们在与其唱和中于茶中之道有所心得，也是自然而然的事。其中，又尤以沙门中人皎然对茶道的贡献最著，而可以肯定的是，皎然虽皈依佛陀、栖心世外，但他文人士大夫的家庭出身仍然是其身上最为显明的文化标签之一[2]。除此之外，唐宋以降，还有着更为庞大的士大夫人群都统统参与到了茶道和文学的相关活动当中，他们在吟诗作赋的同时，也一样倾心于煮茶技艺，热衷于品茗论茶，并以此作为其修身养性、陶冶情操的重要方式和方法，他们借茶抒怀、因茶求道的行为，本质上与他们借助文学作品来抒发情感、追求真理的行为并没有本质的不同，二者在多数时候都是亲密无间的关系，甚至还能经常性地融为一体。诗仙李白、诗圣杜甫，以及白居易、元稹、颜真卿、卢仝、柳宗元、苏轼、陆游等文学大家不仅是许多脍炙人口的茶诗词、茶文的作者，而且还是当时茶道的提倡者及实践者，他们都对茶道的形成、发展和普及起到了极大的推动作用。

二是从茶道和文学的审美特征上看，中国茶道和文学都有一种崇尚自然的情结，特别重视情趣、意境和神韵的缔造，而对于外在

---

[1] 参见李广德：《陆羽是大文学家与陆羽热和陆羽学问题》，《农业考古》2015 年第 2 期。

[2] 皎然，俗姓谢，出家后名皎然，字清昼。据漆绪邦考证，皎然出身南朝高门谢氏家族已是确定无疑，但其十世祖究竟是谢灵运还是谢灵运的从兄弟谢密，仍有待考证。参见漆绪邦：《皎然生平及交游考》，《北京社会科学》1991 年第 3 期。

程序、言辞等形式之美却从不过分奢求。陆羽所提倡的茶之“精行俭德”“野者上”的美学，与中国文学中倡导的“辞达之旨”“不言之妙”与“不著一字，尽得风流”等理念具有天然的相通性。所谓“精行俭德”，一般理解就是“修身养性、清净淡泊、生活简朴”[1]的意思，并包含有“行为精诚专一，没有旁骛，品德简约谦逊而不奢侈”[2]等引申含义。可见，“精”“俭”乃是陆羽对茶事活动的基本要求，他所强调的就是饮茶一定要远离生活中的繁文缛节和琐碎嘈杂，进而才能一心去追求内心的平静和安宁。而茶事活动的节俭和朴素，正是净化人心的主要力量，此举亦能和“野者上”（就是以天然生长的野生茶树之叶为佳品）的鉴茶原则以及《茶经·九之略》中所营造的那种“亲和自然，野趣横生，意境幽远”的“野人茶”或“隐逸茶”的格调相匹配[3]，茶叶的浑然天成与茶事的俭朴自然相映成趣，共同构成了中国茶道的意境和神韵之美。“茶文化是最具自然性质的一种文化形态。”“事实上，‘自然’‘隐逸’观念与茶，本身就存在着有机联贯性。”“茶与隐逸的内在关系，无论从实践还是从理论的层面看，都是自然形成的。特别在唐代茶文化兴起之后……而只要在精神上有超然之心的士大夫都纳入进来，他们就会成为社会生活中一支不小的力量，就必然推动茶与茶事的发展。”[4]同理，精神上具有超然之心的文人士大夫不但将“茶”引入文学，更重要的是通过“茶”的文学形象，实践了他们在“自然诗学”“境界说”等方面的野心。自从孔子发出“辞达而

[1] 陆羽撰，沈冬梅校注：《茶经校注》，中国农业出版社 2007 年版，第 10 页。

[2] 林瑞萱：《陆羽茶经的茶道美学》，《农业考古》2005 年第 2 期。

[3] 参见刘学忠：《从〈茶经〉“九之略”探陆羽的茶道取向》，《阜阳师范学院学报（社会科学版）》2007 年第 6 期。

[4] 赖功欧：《中国哲学中的自然与隐逸观念及其茶文化内核》，《农业考古》1998 年第 2 期。相关论述还可参见关剑平：《陆羽的身份认同——隐逸》，《中国农史》2014 年第 3 期。

已”的议论，就已经包孕了意义大于形式的内涵，魏晋诗论家更是从“缘情体物”的角度对其进行了大幅改造，使得“中国诗人素来不去片面追求诗歌语言自身之形式的精美，而是执着于‘情貌无疑’的描述效果”，由此便为中国文学崇尚自然传神的“神似”而不是忸怩造作的“形似”的特征打下了坚实基础[1]。而中国古代的“自然诗学”“境界说”等文学理论正是以“神似”为出发点，去论述文学超越生活、超然物外的性质的，并最终在茶诗、茶文的写作中将茶道之“野”与文学之“神”完美地融合在了一起。正如白居易《琴茶》诗所咏的那样，“兀兀寄形群动内，陶陶任性一生间。自抛官后春多梦，不读书来老更闲。琴里知闻唯渌水，茶中故旧是蒙山。穷通行止常相伴，难道吾今无往还”[2]，茶最适合表达抛官闲处的士大夫情怀了，那种“陶陶任性”的自然旨趣和超脱境界就是茶道和文学的最佳结合点。

三是从茶道和文学的终极追求及理想实现上来看，人的生命意识、人间情怀及其神圣发现，道的崇高属性及其人格化等人类最高思想的理论精华都始终隐身其后，成为决定二者深度和影响力的最重要因素。也就是说，在更深层的形而上领域，茶道由人之静品最终归结为人道，而文学也由人之幽思联想最后上升为人学，从这个意义上讲，茶道和文学都是人类崇高意识的产物，更是人类反思自身处境、思考宇宙人生、超越生死以期无限接近那永恒不灭、亘古长存的绝对理性的契机所在。皎然说“孰知茶道全尔真，唯有丹丘得如此”，卢仝也说“五碗肌骨清，六碗通仙灵。七碗吃不得也，唯觉两腋习习清风生。蓬莱山，在何处？玉川子，乘此清风欲归

[1] 参见韩经太：《中国诗学与传统文化精神》，四川人民出版社1990年版，第103—104页。

[2] 白居易著，顾学颉校点：《白居易集》，中华书局1999年版，第556页。

去”[1]，表面上这仅是在讲一种饮茶后的轻身之感，其实是借“得道成仙”之喻，将人之为人的境遇进行哲学的总结和升华。饮茶首先应是一种精神修炼，进而使人跳出尘世羁绊，站在一个全新的维度审视自身及自身所处的自然或社会环境，并以此重新发现人生中的种种无常和不变之变，最终获得灵魂的净化和人生境界的重大提升。正如大历才子钱起诗云：“竹下忘言对紫茶，全胜羽客醉流霞。尘心洗尽兴难尽，一树蝉声片影斜。”[2]亦如明代朱权在《茶谱》中之言：“凡鸾俦鹤侣，骚人羽客，皆能志绝尘境，栖神物外，不伍于世流，不污于时俗。或会于石泉之间，或处于松竹之下，或对皓月清风，或坐明窗静牖。乃与客清淡款话，探虚玄而参造化，清心神而出尘表。”[3]文学也是如此，自从庄子提出“心斋”“坐忘”的概念，文学理论的建构者便迅速将其引入对文学相关问题的阐述和界定之中，发展出“是以陶钧文思，贵在虚静，疏瀹五藏，澡雪精神”[4]的论断，其核心就是通过文学与现实世界的两相对照来净化身心，通过文学中“小我”的幽微之思和宏观联想来见出宇宙时空的“大我”。文学在中国文人那里从来不是止步语言文字，而是向着道德修养、宇宙真理的方向不断迈进[5]。所以，归根结底，文学的境界乃是人生的境界，文学的追求也就是人生的追求。在这方面，茶道的静品哲学与文学的幽思情怀别无二致。

[1] 语出卢仝诗《走笔谢孟谏议寄新茶》，收入彭定求等编：《全唐诗》，中华书局1999年版，第4379页。

[2] 语出钱起诗《与赵莒茶宴》，收入彭定求等编：《全唐诗》，第2688页。

[3] 朱权：《茶谱》，收入朱自振、沈冬梅编著：《中国古代茶书集成》，第182页。

[4] 语出刘勰《文心雕龙·神思》篇，刘勰撰，范文澜注：《文心雕龙注》，第493页。

[5] 参见徐复观：《中国文学精神》，上海书店出版社2006年版，第6—21页。

二、茶神布道，神话传说中的茶

文学滥觞于神话，也可以说神话是文学最早的一种存在形式。在人类社会的蒙昧时期，人们对于风雨雷电等一类自然现象还没有一个科学的认识，只能将其归结为某个或一系列拥有超自然能力的造物主和天神的安排。同时，在万物有灵观念的驱使下，我们的祖先相信世界上的每一束花草、每一头牲畜甚至每一块岩石都是具有意识和思维的生灵，其背后更有一个令人望而生畏的神灵护佑。造物主和神灵的力量是如此强大，以致使人不得不去小心侍奉，否则很可能会殃及人类自身的生存和发展。为此，原始人怀着无比敬畏的感情，编织出了一个个曲折离奇的描述造物主和众神灵事迹的故事，以便于牢记众神的性格特征和侍奉要领，这些就是最初的神话。当然，讲故事并不是原始人创作神话的目的所在，他们所关注的根本问题，其实只有一个，那就是如何开拓、把握认识世界的方式和方法。某种意义上，神话就是原始人最重要的思维方式和世界观。特别是当面临着生老病死的轮回，当难以捉摸和预料的大自然又制造出一个又一个巨大的灾难，地震、洪水、火山喷发，所有这些都让原始人更加笃定，他们创作的神话具有无可争辩的权威性及天然合理性。而神话中那个光怪陆离的世界，毋宁说就是原始人“野性思维”的最真实写照，在原始崇拜、宗教信仰和神奇巫术这一混合载体的多重作用下，原始人“诗意”地栖居在自我意识的中央，他们的想法越是不可思议，就越是合乎情理。这是因为，“神话和仪式远非人们常常说的那样是人类背离现实的‘虚构机能’的产物。它们的主要价值就在于把那些曾经（无疑目前仍然如此）恰恰适用于某一类型的发现的残留下来的观察与反省的方式，一直保存至今日”[1]。神话就如同人类理智的一种“修补术”，它帮助人们更

[1]［法］列维－斯特劳斯著，李幼蒸译：《野性的思维》，商务印书馆 1987 年版，第 22 页。

好地认识和改造世界，传播并延续了人类文明的火种。

与大多数神话产生的原理相同，茶神话也在人类蒙昧的时代开始孕育，并且直接与华夏文明的始祖之一——炎帝神农发生了密切关系。神话传说中，神农氏是一个有着开天辟地能力的英雄人物，他带领人民走出暗黑无边、寒冷彻骨的恐怖世界，在广袤的大地上播撒出光明和温暖的种子。他教会了人们耕种，又通过遍尝百草发明了原始的医药，所以，在大多数原始先民眼里，神农氏不仅是太阳和光明之神，也是人们发展农业的守护神和掌管人类生死的医药卫生之神。正如神农时期的一首《蜡辞》里所描述的那样："土反其宅，水归其壑，昆虫毋作，草木归其泽！"[1]神农氏的神通还不只这些，最重要的是他在遍尝百草的过程中认识了茶。在神农氏的眼里，茶已经不再是一枚简简单单的树叶，而是具有超越百草的灵妙之用——解毒。神农氏因尝百草而中毒，在临终大限将至之时，正是由于吃下茶才缓解了中毒症状，继而起死回生。这个神话不同于老套的神话故事情节——仅仅将"中毒—解毒"的过程作为渲染神农氏伟大功绩和神奇能力的一个魔幻外壳——而是借助于神农氏由死而生的离奇遭遇着重突出了茶在这则神话里的中心地位。不得不说，茶和神农氏的意外结合，既是人类原始认知思维的巧妙结撰，也符合现今文艺形式的普遍叙述逻辑。因为让有着农业神和医药神头衔的神农氏去发现茶，真是再合理不过了。"我们的文化对医食同源的想法极感兴趣，……大自然山水就是我们的药局，至今许多原住民和最先进的制药公司仍有此观念，后者不断地进入雨林，收集各种树叶用来制作药物。"[2]在戴安娜·阿克曼所描绘的这种

[1]《礼记·郊特牲》，见阮元校刻：《十三经注疏·清嘉庆刊本（影印本）》，中华书局2009年版，第3150页。

[2]［美］戴安娜·阿克曼著，庄安祺译：《感觉的自然史》，中信出版社2017年版，第190页。

古今无二的文化心理的促成下，茶祖神农的故事自然而然也就成为一个家喻户晓的传播奇迹。这一切，更随着茶圣陆羽的首肯而更加流传广泛和发扬光大。

特别是当茶道兴起，茶祖神农和茶圣陆羽俱列仙班，逐渐演变成修习茶道之人不得不去深入了解和顶礼膜拜的全能偶像。从这一现象发展变化的轨迹中可见，一个神话形象，一个用文学语言编织的华丽幻梦，对于茶道的流行起到了不可估量的作用。究其原因就在于，茶神话作为茶道传播的文学载体，不仅形象生动，更能深入人心，而且具有诸多深刻的文化内涵可供发掘。茶能令上古大帝之子神农起死回生，不就等于拯救了人类的农业，重新给予人类一个生存发展的机会吗？而在人们的潜意识里，上古大帝其实就是万物的主宰、是太初之“道”，也是老子时时在提醒人们需要“持而保之”[1]的东西，并且，也只有上古大帝和“道”才具有起死回生的能力。所以，茶显然就是上古大帝在人间的代表，是“道”的一种化身。更进一步说就是，“茶道”一词不能单纯地被理解为一个偏正词组结构，意即“茶学之道理、规律”或是“饮茶文化之学问”，而是应该以神话的思维将其理解成为一个并列词组构词范例，意即茶就是道，或曰茶道的精义其实暗含着一个道、帝、茶“三位一体”的结构，并由此形成一个神学领域里的光辉典范。特别是，当庄子所谓的“道术将为天下裂”[2]之后，茶还承担起了合天下学问为

[1] 语出老子《道德经》，见陈鼓应注译《老子今注今译》，商务印书馆 2006 年版，第 318 页。

[2] 语出《庄子·天下篇》，原文为：“天下大乱，圣贤不明，道德不一，天下多得一察焉以自好。譬如耳目鼻口，皆有所明，不能相通。犹百家众技也，皆有所长，时有所用。虽然，不该不遍，一曲之士也。……悲夫！百家往而不反，必不合矣！后世之学者，不幸不见天地之纯，古人之大体，道术将为天下裂。”见陈鼓应注译：《庄子今注今译（最新修订重排本）》，中华书局 1983 年版，第 908—909 页。

统一道术的作用[1]，这在神话里即表现为茶最终促成了神农氏的死而复生。

不止于此，在另外一些少数民族神话里，茶甚至被奉为了元初的始祖之神，并且还直接与人类智慧旅途的开启密切相关，进而成为“上帝”遗留在人间的最后一株生命树或智慧树，承担着人类与神交流之重要渠道的功能。人和神之间曾经有过一段非常甜蜜的蜜月期，在西方可称之为伊甸园的时代，在东方就是共工怒触不周山之前的那段安静祥和的岁月。但好景不长，自从偷吃了禁果，人类便不得不面临被逐出伊甸园的命运，即使勉强造出能够通天的巴别塔，也顷刻间毁于混乱和语言分化。庄子形象生动地描述了这一过程，“倏”和“忽”简单而粗暴地日凿混沌一窍，七日而混沌竟亡。混沌之死，代表了人类安逸生活的结束，从此人类只能悲惨地停留在“绝地天通”之后的奋斗时代，将寻得生命树并借此重归混沌，也就是永生的安逸美好，视为其毕生最大的理想和追求。茶，恰恰迎合了人们渴望回归终极乐土的强烈心理，它的某些特性因此才会在神话中不断被放大，诸如解毒、提神等种种功效，逐渐从治疗一般疾病，开始向着能够令人永生不老转变。从布朗族、哈尼族的创

[1] 余英时在《论天人之际：中国古代思想起源试探》一书中指出，中国学术经历了一个自“绝地天通”到“天人合一”的过程。所谓“绝地天通”指的是远古社会人神不分的原始（或者说理想）状态，在万物有灵观念的影响下，原始人认为所有事物背后都有一个神灵的存在，而且每个人都可以自由地跟神交流。只是到了后来，原始的氏族部落首领及其权力核心巫和史逐渐垄断了人与神交流的权力，从而也就分化出了贵族和平民、奴隶等诸多社会阶层。这一过程在神话中的一个形象表述就是“绝地天通”，也就是《尚书·吕刑》中所谓“乃命重黎绝地天通，罔有降格”。随着社会阶层的分化，原始学术也开始分化出了多个领域，但这些学术显然不能很好地传承上古神灵的旨意，或者说在古人心目中倾向于认为，只有重新回归人神不分的状态，才能最终实现“天人合一”，恢复自古学术乃是传达神旨的传统。在现代学人眼里，“天人合一”已不是简单地回归原始社会，而是代表着对一种最高真理的上下求索，同时也是人类最终人生理想的实现。参见余英时：《论天人之际：中国古代思想起源试探》，中华书局 2014 年版，第 169—178 页。

世古歌[1]，到汉族地区流传的各个版本的神农神话，再到藏族聚居区的民间传说[2]，茶的光辉形象，经过数次铺陈和演绎，不约而同在各个民族和地区之间传播开来，“润物细无声”般渗透到人们生活的方方面面和角角落落，在体现人们彼此之间的包容、尊敬以及礼让和节制的同时，渐趋占领丧葬风俗、婚庆仪轨和宗教祭祀领域，并由此逐渐在人们的潜意识中形成了根深蒂固的观念乃至信仰。尤其是，在藏民族的光辉史诗《格萨尔》中，更把“茶”提升到了一个象征民族大团结、大融合的高度。其隽永而耐人寻味的文字多次表达出这样的观点：汉地的茶叶和藏地的乳汁在茶壶中相聚，乃是世界上最圆满的结合，是因缘汇聚的佳果，用以敬人会带来吉祥幸福，用以敬神会带来神佛保佑[3]。

当然，汉族地区神农与茶的神话之起源至今仍是一个谜团，而其他少数民族的茶神话、茶传说也很难断定其确切的年代。但这并不妨碍今天我们利用神话学的原理对其进行新的阐释。神农本就是神话中的人物，即使历史文献还残留着某些浮光掠影的记载，也因为年代久远而无法确切考证其本来面貌。现今流传下来的所有关于神农的神话，都是片段的和不成体系的，而神农与茶的故事作为其整个神话体系中的一个小片段，也只是其整体残留的一鳞半爪而已。

[1] 在西南少数民族地区流传着大量与茶相关的神话，其中尤以布朗族、哈尼族等民族创世古歌中对茶的描写和颂扬较为出名，并且，少数民族的茶神话基本上都与本民族的宗教和祭祀文化密切相关，有的还成为其民族文化的主体内容。相关研究可参见邓玉函、葛恒君：《神话、礼化与商化：云南少数民族茶文化功能变迁探析》，《广西民族大学学报（哲学社会科学版）》2016年第5期；陈红伟、王平盛：《布朗族与基诺族茶文化比较研究》，《西南农业学报》2010年第2期；黄桂枢：《云南普洱茶文化区民族饮茶习俗考》，《饮食文化研究》2007年第1期。

[2] 藏族聚居区有着独具特色的茶文化体系，其中一个重要组成部分就是大量关于茶的传说和历史故事，体现出茶在藏族群众生活中的崇高地位。相关研究可参见杨嘉铭、琪梅旺姆：《藏族茶文化概论》，《中国藏学》1995年第4期；赵金锁：《藏族茶文化：茶马贸易与藏族饮茶习俗》，《西南民族大学学报（哲学社会科学版）》2008年第5期。

[3] 措吉：《〈格萨尔〉中的茶文化》，《西藏研究》2004年第4期。

神农与茶的是非曲折是如此，其他不见于文献记载、大多数情况下仅仅停留在口耳相传阶段的少数民族茶神话和茶古歌更是如此。如果没有事实确凿的考古发现，来推翻现有关于茶神话的所有结论，我们就只能相信神农与茶确实有着难解因缘，而其他少数民族的神话和传说中有关茶的一切，包括所有的荒诞不经或不可理喻的成分在内，也都是可以在现代神话学的框架内加以理解的。特别是，在今天我们复兴茶道的征途上，提倡茶与神农的广泛而深刻的内在联系，更是有着十分重要和积极的现实意义。神农曾带领远古人民走出洪荒，如今他也不会介意再陪着茶道的勃兴多走一程。茶道不是不可捉摸、不可方物的虚无缥缈，而是立足于神农氏的脚踏实地，立足于中华民族博大精深的文化土壤。所以，从这个意义上说，茶道无他，乃是一种民族心理的内在追求和一个民族凝聚文化共识、聚焦人类良知的最终皈依。而神话，作为一种文学形式，很显然在这一过程中扮演了一个重要角色，并将持续扮演下去。

三、茶诗传道，茶道的诗意空间

中国一直被称为一个诗的国度，中华民族也一直是一个充满诗意的民族。自《诗经》开始，我们的祖先就已经在华夏大地创作出了一首首用回环复沓的语词和意味深长的句子组成的精致诗篇[1]。虽然，汉语的音乐性，即汉语中有别于别国语言的四声现象，是晚至佛教东传、迻译佛经大量兴起的魏晋时代才被那个叫沈约的历史学者发现的[2]，但是汉语诗歌里体现出来的“前有浮声，后有切响”的规律则无须有心人苦心孤诣地特意为之，就已经自然

[1] 参见林庚：《中国文学简史》，北京大学出版社 1995 年版，《导言》第 1—3 页。
[2] 参见沈约：《谢灵运传论》，收入沈约撰：《宋书》，中华书局 1974 年版，第 1743 页。

而然地在诗人的诗歌创作中发挥出重要作用了。“诗三百”的多数作者都是无名氏，他们的文化程度和教育背景自然无法确切查考，但这也并不妨碍他们成为出色的歌吟诗人。他们通过音乐中的宫、商、角、徵、羽五音，恰到好处地配合了平、上、去、入的汉语四声变化，将音乐、舞蹈、文学等艺术形式毫无违和地结合在一起，并紧紧依靠发自内心的自我情感力量，突破天地牢笼和社会生活的种种束缚，愤而成就出所谓“在心为志，发言为诗，情动于衷，而行于言”[1]的语言壮举。

混沌初开之后不久，“诗三百”的作者们就像一个个具备先知使命的大祭司，牢牢把握了从战争到祭祀的所有仪式和象征性事业，当然也包括处于日常饮食活动范围之内的茶。然而，究竟《诗经》中出现多次的“荼”，是不是就可以部分认定为茶，千百年来却一直争呶未休。顾炎武谓，“荼”自中唐之后始变为“茶”，这说明“荼”与“茶”在中唐以前从未曾被人们明确分清过。古人的思维大概是这样的，“荼”原来指发现较早的苦菜，虽味苦却仍可食用，就像是甘美的荠菜一样自有一种回味悠长的甜香。后来人们又发现了茶，其味道与苦菜不相上下，而回甘更好、持香更久，因此也便将其称作另一种“荼”。那么，人们到底是在什么时候发现茶的呢？除了神话传说中的神农氏尝百草而得茶的本事之外，还有一些文献材料可以证明至少在西周时期，茶就在中原地区开始流行起来了，而那时“茶”这个字却尚未被发明出来，所以诸如“荼”“荈”“槚”等字都可以代指“茶”。这些字并存指“茶”的年代是要明显早于《诗经·谷风》中“谁谓荼苦，其甘如荠”[2]的年代的，那么“荼”

[1] 语出《毛诗正义·毛诗大序》，见阮元校刻：《十三经注疏·清嘉庆刊本（影印本）》，中华书局2009年版，第563页。

[2] 语出《诗经·谷风》，见高亨注：《诗经今注》，上海古籍出版社2009年版，第49页。

之苦也就有可能是“荼”之味了[1]。特别值得注意的是，西周时期中国北方的黄河流域，也即《诗经》所涉及的绝大部分地域范围，正处于温暖湿润的气候条件之下，非常适合茶树的自然生长和大面积分布，由此可推论出茶树、茶叶对于当时的《诗经》作者、读者等北方人群也应该是一种较为常见的植物，即使人们那个时候还没有完全认识到茶叶的用途，但偶尔将茶用作饮食或药也是可以接受的一种现象[2]。可是，又有谁能确切知道、能精准体味出其中之味呢，恐怕也只有出现在《诗经·谷风》中的那个失恋少女才会有最终答案吧。事实上，也只有她自己才能告诉我们，在她陷入失恋的特殊时空背景下，她到底是吃掉了一抔还带着泥土的苦菜，还是饮尽了一杯未经任何加工的原始茗茶。

如果说《诗经·谷风》中的少女“饮茶说”还是一个比较牵强的推论的话，那么到了魏晋南北朝时期，茶与“桑妾”的邂逅便成为一场命中注定的相遇，既是历史演进的非常因素导致，也是人生命运多个偶然性不断积累的必然结果。“桑妾”是中国文学史上一个极为深入人心的“怨妇”形象：她是那样深爱着她的丈夫，然而世道乱离、兵燹不断，处处皆是烽火硝烟，她的丈夫迫不得已踏上征途。怀着“位卑不敢忘忧国”的壮士心绪，走入“天下兴亡，匹夫有责”的风尘岁月，她的丈夫在残酷的现实环境中烟消云散，注定会成为魏晋南北朝那段乱离历史的一条毫不起眼的注脚。但是，她却留名于世，特别是她在思念丈夫的深切痛苦中与茶相伴，更令茶与情的因缘成就出一首伟大诗篇。在南朝宋王微的《杂诗》中，

[1]《诗经》中除《谷风》一首外，还有另外六首诗里出现了“荼”字，余悦认为将其中《谷风》《七月》《绵》三首诗中出现的“荼”字解作“野菜”当然可以通，但是若从文字学的角度出发，联系史学家、文学家的研究成果，将这三个“荼”字用“茶”来解说似乎更合乎事实。参见余悦：《中国茶诗的总体走向——在日本东京都演讲提纲》，《农业考古》2005 年第 2 期。

[2] 参见韩世华：《论茶诗的渊源与发展》，《中山大学学报（社会科学版）》2000 年第 5 期。

桑妾与茶的故事是这样开始的。“桑妾独何怀，倾筐未盈把。自言悲苦多，排却不肯舍”，是什么让桑妾如此痛苦不堪呢？原来，“壮情抃驱驰，猛气捍朝社。常怀云汉渐，常欲复周雅。重名好铭勒，轻躯愿图写。万里度沙漠，悬师蹈朔野。传闻兵失利，不见来归者。奚处埋旍麾，何处丧车马”，丈夫远去万里，沙场失利，她根本无法预测丈夫埋骨何处、魂归何地。她怎能不悲痛欲绝，她怎能不“拊心悼恭人，零泪覆面下”，以至她不得不“寂寂掩高门，寥寥空广厦。待君竟不归，收颜今就槚”[1]。槚就是茶，南北朝时已经在华夏大地相当流行，时人不仅知道那是一种苦叶植物，可清凉解暑，更时常将其掺入饭粥中食用。可以想见，苦恋征人的桑妾，肯定不会将茶叶拌入饭粥中去吃出美味，而只会一片一片地咀嚼那些苦涩的树叶。此时，茶之苦涩，恰与桑妾内心的悲苦对应而不断被彰显放大，苦中生苦，岂能以“苦”言之。如若真是如此，那么桑妾就不但是有史以来进入史册吃茶的第一妇人，也是第一个践行吃茶要“清饮”的人，茶圣陆羽很有可能就是从桑妾的事例中得出灵感，才会大力提倡“清饮”的。因为，“茶之清”恰能与“人之情”两相对应，这或许就是人能由茶生情进而入道的关键所在。古往今来，多少茶饭不思的佳人不但发出了“日日思君不见君”[2]的深情感慨，更以她们美丽卓绝的容颜和才华，引出了一众文人墨客“愿作鸳鸯不羡仙”[3]的决绝情深之举，所以宋代大才子苏轼才会联系自己的人生遭遇，说出“从来佳茗似佳人”[4]这样一句大实话，道尽了人与茶之间相爱相杀的“诗”短情长和一得之悟。

茶一旦进入文人世界，便更加打开了它与诗歌深度交融的大门。

[1] 逯钦立辑校：《先秦汉魏晋南北朝诗》，中华书局1983年版，第1199页。
[2] 语出宋李之仪词《卜算子》，收入唐圭璋编：《全宋词》，中华书局1965年版，第343页。
[3] 语出唐卢照邻诗《长安古意》，收入彭定求等编：《全唐诗》，第518页。
[4] 语出宋苏轼诗《次韵曹辅寄壑源试焙新芽》，收入苏轼著，冯应榴辑注，黄任轲、朱怀春校点：《苏轼诗集合注》，上海古籍出版社2001年版，第1611页。

茶可以是情之灵魂的外在物化，也可以是道之依傍的具体而微的象征形式所在。通过充分揭示茶之含情脉脉的纯洁本性，诗人骚客进一步深入探讨了“茶”“酒”之间的优劣高下问题。经由多种渠道和方式、方法的悉心比较，许多诗人不禁发出“饮酒不胜茶”的慨叹，更把“俗人多泛酒，谁解助茶香”作为鉴定趣味、品质之雅俗大防的关节点。“驾车出人境，避暑投僧家”[1]，如果想要吃茶，单单是随随便便的一坐一饮自然是万万行不通的。唐宋以降的许多大诗人都认为，只有从城市进入山林，从喧嚣找寻宁静，才是与茶相会的上佳选择[2]。正如高适在其茶诗《同群公宿开善寺，赠陈十六所居》中所描述的那样，他为了吃茶，在前往宁静山林的一路上，经受了风雨洗礼，也饱览了香林花（不过是一种常见的野草野花）的各种美态，仿佛虔诚的信徒经过了九九八十一难的考验，最终才喝上了山中一位得道高僧为他准备的香茗，随即便写下“读书不及经，饮酒不胜茶”的名句。一时间，高适已经“茶不醉人，人自醉”。有如恍然大悟一般，高适深深明白了茶与仙人的关系，“谈空忘外物，持戒破诸邪。则是无心地，相看唯月华”。仙人总是那样无忧无虑地高谈阔论，吃茶成仙并不一定说茶就是灵丹妙药，而是吃茶之后的身轻之感，可以让人一时忘忧，一时破除诸般烦恼，一时看透人生百味、时光无常。从这个意义上说，凡人喝茶之后，的确已和成仙无异。

更进一步讲，成仙也就意味着得道，高适的那种似有若无的感性知觉，百年后终被诗僧皎然的理性思考一语破的。在《饮茶歌诮崔石使君》一诗中，皎然发自内心地由衷表达道，“孰知茶道全尔真，惟有丹丘得如此”。其意即谓，茶道已经成为诗者个人的终极关怀和终极追求所在，而只有少数人才能明了个中真义。这是“茶

[1] 语出唐代诗人高适《同群公宿开善寺赠陈十六所居》一诗，收入高适著，孙钦善校注：《高适集校注》，上海古籍出版社 1984 年版，第 128 页。

[2] 参见柏秀娟：《从茶诗看唐代文人的隐逸情怀》，《农业考古》2003 年第 2 期。

道”一词，第一次在中国诗歌史同时也是文学史上得以确立下来。茶道既出，诗道复昌，皎然不但擅长诠释茶道，也精于研究诗道并颇有心得。他曾经反复强调作诗要“但见性情，不睹文字”，唯其如此，才能达到“诣道之极”的境界。他认为，“向使此道尊之于儒，则冠六经之首；贵之于道，则居众妙之门；精之于释，则彻空王之奥”[1]。这也就是说，茶道和诗道其实有着通归于一的可能性。在纯文学领域，这种可能性有点类似于大历才子钱起所说的“玄谈兼藻思，绿茗代榴花”[2]，意思是喝茶助长了诗人的玄想和文思。同样的话，苏轼说过“枯肠未易禁三碗，坐听荒城长短经”[3]，晚明陈继儒也说过“点来直是窥三昧，醒后翻能赋百篇”[4]。这些诗句表明以茶助文思、促创作的观点，在古代文人之间早已被普遍接受，且业已成为文学创作领域里一个不争的事实和不宣秘法。而且，充满哲理性的茶诗，使人们在看待茶的时候，除了对茶的自然属性加深了解之外，还能更多增进人们对茶之精神文化的了解。因此，茶诗对中国文人本身的贡献，就不单是充当了文人提神助思的饮品，更成为他们修身养性、思考人生价值的精神楷模。茶的自然特征对中国文人思想的启发以及人格的塑造，都是举足轻重的。茶在古代文化中，有着意想不到的崇高文化定位。换言之，茶几乎可以作为中国古典文化的代表之一。中国茶诗本为诗人个人性情的抒发，但经过历史的洗礼，它们却发挥出更多的功用。茶诗的哲理性特色经历了多年的时光涤荡后，定会展现出更加深厚的人

[1] 皎然著，李壮鹰校注：《诗式校注》，人民文学出版社 2003 年版，第 42 页。

[2] 语出唐代大历十才子之一钱起《过长孙宅与朗上人茶会》一诗，收入彭定求等编：《全唐诗》，第 2627 页。

[3] 语出宋代大诗人苏轼《汲江煎茶》一诗，收入苏轼著，冯应榴辑注，黄任轲、朱怀春校点：《苏轼诗集合注》，第 2211 页。

[4] 明人陈继儒诗语，失题，收入钱时霖选注：《中国古代茶诗选》，浙江古籍出版社 1989 年版，第 139—140 页。

文色彩[1]。

总而言之，茶与诗思广泛而深度地结合，必然也会将茶道引向与诗道同一的发展道路，那就是在更普遍的意义上，茶道与诗道都成为对于“道”的某个方面的诠释，关系着一个更为广大和普世的价值体系，也即关乎宇宙人生的终极关怀和终极意义问题。庄子所担心的“道术将为天下裂”格局虽然已经来不及扭转，但是人们追求“大道复归于一”的理想之光从来也不曾熄灭，借助于诗歌文本的独特魅力，人们由茶而生情、由情而入道，终将为道在人间的领受添砖加瓦，并促使其自身在“大道归一”的思辨旅途中越走越远。

四、茶文载道，由“务虚”到“悟空”

茶文是茶与文学相结合的最广阔空间，包含神话与诗在内的，所有诗、词、小说、笔记、散文等文体都可以称为广义上的茶文。但是，茶文还有其狭义的一面，今天已有人仿《古文观止》之名，而成《茶文观止》一书[2]，副标题为《中国古代茶学导读》，读后略觉勉强，容易使人产生误解，乃至会将茶文的概念狭隘化为单单指茶学著作，甚或只是那几篇无足重轻的导读文字。显而易见，《茶文观止》虽是仿《古文观止》而来，其实却与其所本完全是“风马牛不相及”，而且，两者所持“何谓文”的观点更是南辕北辙。生在康熙年间的绍兴吴氏叔侄特为科举考虑，潜心蒙学读本，所以他们选录“古文”的标准自是经、史之学为大，杂以子、集部中骈散小文之什[3]。而今人之集《茶文观止》，虽已跳脱科举窠臼，复骋自由之才力，但其采录之文却异常褊狭。不明就里之人读之，

[1] 参见余悦、陈玲玲：《唐宋茶诗哲理追求综论》，《农业考古》2010 年第 5 期。
[2] 参见杨东甫、杨骥：《茶文观止》，广西师范大学出版社 2011 年版，第 1 页。
[3] 吴楚材、吴调侯选：《古文观止》，中华书局 1959 年版，《序》第 1 页。

很容易产生许多不甚了了的理解乃至误解。比如，认为在当今某些茶人的观念里，茶文似乎只是一些风月小文，其中并无多少微言大义存焉。再比如，认为茶文只是某些茶学家的研究性写作，其为文俱以阐释说明为主，语言文字风格亦不过平实瘦硬有余，而与文学审美、生命体悟无关。这些关于茶文范畴的成见，自然是很值得商榷的。

首先，茶文和茶诗一样，虽然有其休闲消遣的一面，但更有其庄重典雅的主观内在特质，绝不能因茶文表面的消遣娱乐之辞，就忽略了其中丰富的思想内涵。其次，不只是小品文里常出现茶，“经史子集”四部之内关于茶的文字、文章亦俯拾皆是，构成了茶文赖以普遍存在的文学和文化宝库，专业性极强的著作如《茶经》《大观茶论》等，还可看成是另一种茶文，其厚重自不待言，而其中所蕴含的文学深意则需要进一步去发现。更为重要的是，自韩愈首倡“文以载道”[1]之说以来，文章或文学作品从来都不是“为了写作而写作”的、简单重复的文字排列组合游戏。即使是狭义上的古文，在韩愈那里也包含着经史文章的博奥和箴、铭、策、表等文体中的实用价值，即“为往圣继绝学，为万世开太平”[2]的士大夫情怀和儒者风范。茶文浸染其中，自然就会沾染这种文人积习，暗合文人雅士为文的一般准则，茶文并不曾独立于一般文章之外，也不存在单纯“因茶而文”的文人心理创作动机，这就是为什么茶不仅能事关古之小品文的兴衰成败——及至现当代学人、作者也经常会以茶来谈天说事，大有非茶不足以模拟内心之饱满情感、情态的共

[1]“文以载道”是中国古代文论中的一个重要概念。一般认为其源头可上溯至唐代古文运动时，韩愈、柳宗元所倡导的“文以贯道”“文以明道”说，两宋时期又经过理学家的改造，最终形成“文以载道”之说。“文以载道”的内涵，首先在于“道”，其所指既包括文学作品的内容，也包括其思想性，它起主干的作用；而“文”指文学作品的形式，也即艺术性，它起手段的作用。参见吕美生：《韩愈“文以载道新探”》，《安徽大学学报（哲学社会科学版）》1985 年第 1 期。

[2] 语出《张载语录》，收入张锡琛点校：《张载集》，中华书局 1978 年版，第 320 页。

识——而且还广泛进入经史子集四部之中，从而最终成为形成“茶文观止”辉煌局面的真正原因所在。因此，我们便可以充满惊喜地看到，茶文无论是在其外在的文学性表现形式，诸如修辞技巧的成熟、语言风格的变化多端等，还是在其内在的情感表达和思想内涵的阐述等层面上，都有了长足的进展，以至成为茶文化瑰宝中不可分割的组成部分。所以，从这个意义上说，即使看待狭义的茶文也不应过于狭隘、目光如豆而囿于一偏之见，而是应该将更多的文学、文化意涵包裹在内，除了关于茶的神话与诗之外，其他关于茶的一切文章都可以统称为茶文。也就是说，茶文乃是关于茶的经史散文、小品文、笔记小说等一大批文学形式的总和，其在文学范畴内的广度要远远大于茶神话和茶诗，而其深度及可以被深入解读、阐释的可能性也因其独到之处，可与茶神话、茶诗的全部内在精华一较高下。

早在西周时期，茶就已经见诸历史文献，这就是最早的茶文。据晋代常璩所撰《华阳国志·巴志》的转述，“周武王伐纣，……丹漆荼密……皆纳贡之”[1]，这段文字虽极简短，但却为我们提供了茶在“武王伐纣”这一历史事件中的地位，也间接印证了“神农与茶”的神话似乎也不只是虚构那么简单。此后出现的《神农本草经》虽是托古之作，但其对茶的记载无疑是真实可靠的，至于司马相如《凡将篇》中出现的“荈诧”，则更加深了人们历来将茶视为药用神物的直观印象。正是这些来自于远古时期的文字记载，仿佛带着来自遥远时空的神秘力量和启示，深深影响了此后茶文的创作方向。晋代文人杜育的《荈赋》就是这一神秘观念与魏晋玄学的结晶产物，其曰“灵山惟岳，奇产所钟。厥生荈草，弥谷被岗”[2]，就是说来自仙苑世界里的茶，简直可以与坐落在人间的唯一灵山东岳泰山互相比拟。东岳乃五岳之首，也是众山之神，茶可与之相比，

[1] 常璩著，任乃强校注：《华阳国志校补图注》，上海古籍出版社 1987 年版，第 4—5 页。

[2] 严可均辑：《全上古三代秦汉三国六朝文》，中华书局 1958 年版，第 1978 页。

自然也就具有神仙品第。特别是当人们发现茶的某些神奇功效后，其对于茶的神圣崇拜便越发不可遏制。比如茶可解酒，晋人是这样描述的，“有味如臛，饮而不醉；无味如荼，饮而醒焉，醉人何用也”[1]，言下之意很可能是在批评饮酒最易醉人，所以着实不中用，而饮茶却能使人即使饮酒醉后，也能迅速清醒，则茶不只是神仙之物，亦差可代酒而饮了。陈寿的正史文本《三国志》，就曾记载了东吴人“韦曜以茶代酒”的故事，暗示东吴宫廷确实刮起了一股“以茶代酒”的名士风气。可见，茶在当时已成品饮翘楚，更在趣味高雅上胜酒一筹。如果再将这种高雅变成一种惩罚而加诸魏晋名士之身，那么则正好以茶衬托出了魏晋名士除饮酒之外的另一种萧散自然，它不是饮酒之后的放浪形骸、佯狂不羁，而是一种“是真名士，自风流”的悠游自在。所以，《世说新语》中东晋太傅褚裒在宴会上遭人戏弄、被逼饮茶的故事最终来了一个一百八十度大反转。茶本来味甚苦，且在当时没有任何深加工，想来味道自然不会很好，不宜多饮，但褚裒却来者不拒，痛饮茗汁，直到把原本想戏弄他的人也看得目瞪口呆，最后不得不狼狈而逃[2]。这则小故事，充分反映出了茶的名士风度，并使茶已悄然脱离“实物”的形式存在，而逐渐虚化为一缕扪虱玄谈的高远意旨和老庄所谓“安之若素”的形而上趣味。

魏晋风度远远不能概括茶在人间的全部表现，正如文章从来不曾模拟出人对于世界的全部心态，也就是陆机在《文赋》中提出的“文不称意，意不逮物”[3]。当魏晋风度已成明日黄花，唐宋文人对于茶的偏好，也发生了微妙的变化，而这些也都毫无遗漏地保留在了最擅长经营文章的唐宋文人的鸿篇巨制当中。变化之一是，

[1] 语出《秦子》，转引自虞世南撰，陈禹谟补注：《北堂书钞》，钦定四库全书本，第144卷。

[2] 刘义庆著，张万起、刘尚慈译注:《世说新语译注》，中华书局1998年版，第835页。

[3] 陆机著，张少康集释：《文赋集释》，人民文学出版社2002年版，第1页。

人们对于茶的制作和品饮方法有了相当进步，开发出了采茶、晒茶、炙茶、碾茶等一系列精细加工茶叶之法，并在此基础上发展出了混饮、清饮及至点茶、斗茶等不同的饮茶风尚。茶之为物，在唐宋时期再也不是人们眼中所见的寻常一片树叶，而是有了以泡沫、汤色、气味等为标准的评价体系。茶凭借其物之形态的变化，第一次在实物的层面成就了它作为"万物之灵"的博大精深。同时，茶圣陆羽也不失时机地提出"茶之为饮，最宜精行俭德之人"的主张，从而将茶在物质形态上的变化引向了精神层面的同情和存想，实在是对茶之精神内核的又一次深广拓展。此后，茶文亦为之一变，先有顾况之《茶赋》，后有苏轼、黄庭坚之《叶嘉传》《煎茶赋》，其为文无不融记述、抒情、议论为一体，极尽茶文变化之能事，堪称文脉继踵、茶文鼎盛。依顾况之见，茶不但可"上达于天子"，亦可"下被于幽人"，正所谓"皇天既孕此灵物兮，厚地复糅之而萌"，无论茶被何种人所接受，它的精神实质都是不变的，直到"轻烟细沫霭然浮，爽气淡烟风雨秋"，但凡饮茶之人就会发出"梦里还钱，怀中赠橘，虽神秘而焉求"的感叹[1]。这也就是将饮茶之真切体验，与人之梦境相关联，随即生发出一种人生若梦之感的意思，其所蕴含的深意不言而喻。至如宋人吴淑又说，"夫其涤烦疗渴，换骨轻身，茶荈之利，其功若神"[2]，黄庭坚亦谓，其饮茶常常"宾至则煎，去则就榻。不游轩后之华胥，则化庄周之蝴蝶"[3]，更是将茶与人生梦幻完美结合，在虚化的梦境中实现人、茶合一，也就在一定程度上达于至道。最终，这种以虚写实的手法在元人杨维桢的《煮茶梦记》里臻于完善，在一个冷月微明、梅影稀疏的夜晚，伴着袅

[1] 见顾况《茶赋》，收入董诰等编：《全唐文》，上海古籍出版社 1990 年版，第 2375—2376 页。

[2] 见吴淑《茶赋》，收入曾枣庄、刘琳主编：《全宋文》，上海辞书出版社 2006 年版，第 6 册，第 210 页。

[3] 见黄庭坚《煎茶赋》，收入黄庭坚著，刘琳、李勇先、王蓉贵校点：《黄庭坚全集》，四川大学出版社 2001 年版，第 303 页。

袅茶香，道人“乃游心太虚，雍雍凉凉，若鸿濛，若皇芒。会天地之未生，适阴阳之若亡。恍兮不知入梦”[1]。这是怎样一种来自切身的独特体验啊，茶文的作者不再以文人自居，而专以道人指称，说明文人在与茶的交流中，仿佛已能脱离红尘，进而可以以一种来自彼岸世界的身份来看待自己和反观人世。道人悟此，便能“妙无心兮一以贞”，从而实现真正的自由和豁达。

明清而后，饮茶风尚凡再历一变，龙凤团茶渐为散茶所取代，随之而逝的还有炙茶、碾茶等道道工序。饮茶之风削繁趋简，茶文却更加繁荣。因为，制茶工序和饮茶仪式的简化，无疑对饮茶的普及起到了推波助澜的作用，不但文人事茶饮茶，即使贩夫走卒也开始喜欢上了茗饮，并能从中经历一番脱胎换骨的茶悟体验。这些在明清大为流行的章回小说中体现得极为充分，比如被誉为人情小说之始的《金瓶梅》中就有600余处提到了饮茶，甚至出现了专门描写饮茶的章节“吴月娘扫雪烹茶”。与熟读诗词歌赋的文人相比，胸无点墨的妇人吴月娘简直与下里巴人无异，但即使这样一个妇人，其扫雪之举也是煞有介事，她还懂得如何欣赏“白玉壶中翻碧浪，紫金杯内喷清香”的情景[2]。如此，我们便不得不承认，茶在明清社会不但会让文人拿来装点高雅，也会成为普通家庭寻求诗意、企图将日常生活审美化的标的之物。至于以茶而助清谈，则不只是魏晋名士的专利，也在清人刘鹗所著的《老残游记》第九回“一客吟诗负手面壁，三人品茗促膝谈心”里成为一众男女标榜高蹈的标配[3]。当然，将茶与小说文本致密结合，形成无可拆分关系的名著，非曹雪芹的《红楼梦》莫属。可以说，一部《红楼梦》，除了“满

[1] 见杨维桢《煮茶梦记》，收入朱自振、沈冬梅著：《中国古代茶书集成》，上海文化艺术出版社2010年版，第167页。

[2] 见兰陵笑笑生著，戴洪森校点，梦梅斋制作：《金瓶梅》，人民文学出版社1992年版，第172—184页。

[3] 见刘鹗著：《老残游记》，人民文学出版社2001年版，第84—95页。

纸荒唐言”之外，亦能满纸溢茶香。在这里，“荒唐言”和“茶香”形成了一个鲜明对照，“荒唐”来源于《红楼梦》中那个肮脏淫乱的现实世界，也即“贾府”，其最终的结局只能是“白茫茫大地一片真干净”；而“茶香”则来源于《红楼梦》中那个纯洁高尚的理想世界，也即“大观园”，其最终的结局乃是植根于“真干净”之上的“空”。以此为深入理解的基础，我们就能很容易明了为什么“金陵十二钗”中独有遁入空门的妙玉最谙茶道，其高蹈风流，即使林黛玉在她面前也不由黯然失色，竟落得被取笑为“大俗人”一个的下场[1]。恐怕，也只有一直颇具慧根的宝玉能懂得妙玉，享受到她专为其奉上的“体己茶”了。如此一来，宝玉不经意间便完成了一大壮举，一举将茶文中的“务虚”体验升华到“悟空”的境界。“空”在宝玉这里，不仅指佛陀眼里“空无一物”的世界，也饱含着宝玉对那个荒诞人生和世界的“情不情”的大爱关怀，这大概也就是“茶禅一味”中的个中真意所在。

综上所述，茶道与文学，有着广泛而深刻的对话可能，其根本上乃是表述了同一个事物——“道”的“一体两面”特性及其普遍存在的规律。茶是最外在的物质表象，也是最具抽象和逻辑意味的纯粹象征，而这一切都是由文学这一人类最高级的语言文字的行为方式赋予的。每一部关于茶的文学作品，都通过巧妙的构思、精心的谋篇布局，并最终伴随创作者力透纸背的情感魔力发育成熟，成为人类文学史上的一大奇观。同时，所有这些有关茶的文字、诗歌、文章及其他形式的文学作品等，到最后也只不过是一串串的符号，是关于“道”的文字编码和解构。茶的本质亦是如此，它用甘、苦、涩、香、鲜的滋味编码，直接书写出了人类世界里的悲欢离合，也将其升华成对于“道”的一条最有力的注解。所以，饮茶的人悟道，首先就要忘掉茶的滋味，正如读书人为文，最不重要的就是文字的

[1] 参见曹雪芹、高鹗著：《红楼梦》，人民文学出版社2005年版，第548—561页。

排列顺序，而只有那份喷薄而出的情感、那亘古不变的宇宙人生关怀才是文章的精义所在。深明此理，也就能最终明了茶道与文学的真正内涵——它们既可以是茶、道和文学的三分天下，也可以是彼此浑融不分的绝对实在。

特别是在“文化诗学”“科学哲学”方兴未艾的当下，茶道与文学还共同承担着如何对抗荒芜、反思现代性的历史重任。依据德里达和米勒等人的“文学终结”理论[1]，茶道作为一种既古老又年轻的文化现象，似乎仍旧避免不了被网络传媒、时尚消费、物质享受等现代“幽灵”边缘化的尴尬处境。那种纯粹古典的茶道精神和情怀不可能在现代人对精致生活的追求中复制下来，当然也无须复制，正如现代文学也完全没有必要陷入古典文学价值体系的评判旋涡中而自惭形秽。重要的是，在现代社会，人与物仍然需要恰到好处地对接。即使今天，人工智能已经战胜人类，在人类创造的棋类游戏中独占鳌头，而机器人能写诗达到以假乱真的地步甚至成立作家协会也不是什么稀奇古怪之事，但只要涉及价值判断，再先进的人工智能也总会有其力不从心之处[2]。毕竟，只要人类还没有在现代科技智能便捷魔力的冲击下停止思索，以价值判断或情感取向为终极皈依的茶道和文学就会有其存在的必要。时至今日，“人的复归”或人性的再认识已成为人类优化现代社会建构的重要课题[3]，从古老世界走来的茶道和文学也面临着如何在现代文化的土壤上更好嫁接的问题，或曰如何针对茶道和文学的传统文化内涵

[1] 美国知名学者 J. 希利斯・米勒根据雅克・德里达在《明信片》一书中提出的理论指出，新的电信时代无可挽回地成为多媒体的综合应用，这些电信时代的电子传播媒介的“幽灵”，将会导致感知经验变异的全新的人类感受，正是这些变异将会造成全新的网络人类，他们远离甚至拒绝文学、精神分析、哲学的情书，从而导致文学的终结或“死了”。参见 J. 希利斯・米勒：《全球时代的文学研究会继续存在吗？》，《文学评论》2001 年第 1 期。

[2] 参见韩少功：《当机器人成立作家协会》，《读书》2017 年第 6 期。

[3] 参见童庆炳：《文化诗学：理论与实践》，北京大学出版社 2015 年版，第 98—99 页。

进行准确的现代化阐释[1]，以生成融入人类生命全部辉煌的现代化的茶道和文学，将是现代人命中注定的最大吊诡。可以肯定的是，茶道和文学作为一种人类的自我修炼，必将在今后现代人的自我理解和更新提高中占有一席之地。而本书接下来将要详细说明的，即是所有这些之和。

[1] 参见余英时：《中国思想传统的现代诠释》，江苏人民出版社1995年版，第10—48页。

第一章

从茶祖神农神话说起

陆羽《茶经·六之饮》篇载："茶之为饮，发乎神农氏，闻于鲁周公。"[1] 作为茶学得以创立的权威，陆羽显然不会草率地认定神农与茶的这种关系，从《茶经》写作前后经历二十余年的辛苦付出——其间经过无数次文献搜集整理和切身到茶叶产地的实地考察——可以看出来，陆羽之写作《茶经》基本上遵循了一个古代学者的严谨、体现出了古人一定的科学素养和追求真理的执着精神。而且，陆羽还不只一次在《茶经》里提到了神农与茶的微妙关联，他似乎觉得仅《六之饮》中短短的一句话远未能将茶与神农关系匪浅的事实论述透彻，不但不够深入，亦意犹未尽。于是，他便在《七之事》篇开卷再次认定三皇时期与茶相关的一等重要人物实非"炎帝神农氏"莫属[2]。

上述陆羽《茶经》中的两条记载是目前确切所知，有据可考的最早将茶与炎帝神农氏联系起来的可靠文献，直截了当地确定了炎帝神农氏的茶祖地位。除此之外，在今天的茶学界还流传着另外一种为更多人所普遍接受的说法，即茶祖神农之说的提出早在汉代成书并于之前部分流传的《神农本草经》一书中就已展露端倪，其言"神农尝百草，一日遇七十二毒，得茶而解之"[3]。经查，《神农本草经》为我国现存最早的药物学著作，原书早已亡佚，今存版本多为清人据《证类本草》等著作所辑录，其间并无"神农得茶（或者茶）而解毒"一说的任何蛛丝马迹。据竺济法考证，"神农得茶而解毒"的说法，最早源于清初康熙年间陈元龙所辑类书《格致镜

[1][2] 吴觉农主编：《茶经述评》，中国农业出版社 2005 年版，第 164 页、第 197 页。
[3] 陈椽：《茶叶通史》，中国农业出版社 2008 年版，第 2 页。

原》及晚清孙壁文著作《新义录》[1]，两书均注明其说源于《本草》一书。一般认为，《本草》就是《神农本草经》一书的简称或别名，但陈、孙二人的说法亦无法在清之前的诸多《本草》或是《神农本草经》的版本中找到相关依据。但可以肯定的是，“神农得茶解毒”的说法一定不是陈、孙二人的原创，在他们之前，明末清初的张岱在其著作《夜航船》中已然记载如下：

成汤作茶，黄帝（此明显为炎帝或神农之误）食百草，得茶解毒。晋王蒙、齐王肃始习茗饮（三代以下炙茗菜或煮羹）。钱超、赵莒为茶会。唐陆羽始著《茶经》，创茶具，茶始盛行。唐常衮，德宗时人，刺建州，始茶蒸焙研膏。宋郑可闻剔银丝为水芽，始去龙脑香。唐茶品，阳羡为上，唐末北苑始出。南唐始率县民采茶，北苑造膏茶腊面，又京铤最佳。宋太宗始制龙凤模，即北苑时造团茶，以别庶饮，用茶碾，今炒制用茶芽废团。王涯始献茶，因命涯榷茶。唐回纥始入朝市茶。宋太祖始禁私茶，太宗始官场贴射，徐改行交引。宋始称绝品茶曰斗，次亚斗。始制贡茶，列粗细纲。[2]

此段文字无异于记录饮茶文化形成发展的一段小史，其中已经有嫁接上古神话而得出类似“神农得茶解毒”说法的尝试。张岱是晚明时期少有的博学通才，尤擅史学、文学，且自幼喜好饮茶，因此他的说法是有一定的可信度的。然而，张岱毕竟也是比较晚近的人了，与神农的时代相距甚远，至于他又是据何种材料、如何得出

[1] 竺济法：《“神农得茶解毒”由来考述》，《茶博览》2011 年第 6 期。

[2] 张岱之前，历代典籍均有“神农尝百草”的相关记载，而未见“黄帝食百草”之说，比如《史记》《淮南子》《搜神记》等书均主张“神农尝百草”。另据张岱《夜航船·序》所言“彼盖不知十八学士、二十八将，虽失记其姓名，实无害于学问文理”，已表明其写作态度有重“文理”而轻“姓名”之嫌。因此，张岱将“尝百草”之“神农”错写为“黄帝”是有很大的可能性的。见张岱著，冉云飞校点：《夜航船》，四川文艺出版社 1996 年版，第 22 页。

上述结论，不但张岱自己未做说明，更加没有相关史料加以证明。至此，“神农得茶解毒”之说遂成为一个历史谜案，我们既无法彻底否定神农与茶的密切关系，也没有十足的把握确定“神农与茶”神话的确切来源，更加无法判定陆羽之言到底是否真如其言之凿凿的论说态度一样不容置疑。

显然，有关“神农与茶”神话的研究已经走入一个死胡同，如果要找到神农与茶关系的确凿文献来源，就必须首先考察陆羽论述的真实性以及他所依凭的更古老之文献。这样，我们就会陷入历史考证主义的无限循环中，因为我们囿于文献缺乏，根本无法证明陆羽论断的依据到底是什么。或者，在陆羽之前，“神农与茶”的神话早就流传了很长一段时间，但因为时间久远，我们永远也无法证明某个人的说法之前是否已经存在相似的传言。除非，我们能找到炎帝神农氏本人问个明白，而炎帝神农氏只是一个远古神话中的人物，它代表了远古先民的智慧水平，却不一定被文献如实记载而便于考证。如果我们只是单纯地从无法找到“神农与茶”神话的直接文字依据就彻底否定神农与茶的密切关系，甚至否定神农的茶祖地位，我们也会失之偏颇而显得不够客观。毕竟，对茶祖神农崇拜的呈现，不只有见诸文字记载的零散神话这样一种单一的文学载体，还有众多的民间传说和故事载体，其中的大部分并没有形成文字，而只停留在口耳相传的口头文学阶段。而且，即使能够找到神话、传说的文字记录，也不能确定这些文字记录的真实可靠性以及这些文字产生的原初时间点，因为神话、传说本身最早都是以口头文学的形式得以代代相传的，后人对这些口头传说的记录、整理等，都已是一个再加工的过程，就在这个过程中，神话的原始风貌也变得扑朔迷离起来。即便如此，我们也不能简单地将所有神话都置于不可信的境地而彻底忽略，罗兰·巴特一针见血地指出，“世界提供给神话的，是历史真实，我们根据人们造成这种真实或使用这种真实的方式来界定它，尽管这需要回溯到相当久远处。而神话回馈（给世界）的，则是这一真实的自然形象”[1]，说明神话自有它存在的真实可靠性，而这才是神话的真义和研究价值所在。

以此反观我们现在对“神农与茶”神话的研究，至少存在两点不足：一是考证并不彻底，没有运用现代神话学的研究方法，将书面文学体系和口头文学体系进行参照互补；二是将“神农与茶”的神话，这一文学载体与历史记载混淆，而无法分清研究的主体，将主观因素居多的文学作品单纯、错误地理解为讲求客观实录的冰冷历史文献。为此，我们亟须从文学神话学的角度，将“神农与茶”的神话还原为神话本身，并将其放到人类神话产生、传播的大背景中，从原型批判及文化解读的角度对其进行真实再现，从而让我们真正进入神农与茶相遇的鸿蒙时代，而一窥“神农与茶”神话背后的文学、文化究竟。

一、氏族血统和帝号传承

作为炎黄子孙的传说始祖之一，炎帝神农神话产生于华夏文明的滥觞时期，先秦古籍《山海经》《孟子》《庄子》中都对炎帝神农有所提及[2]。但是，先秦古籍的记载，大多只是提到了炎帝或是神农氏的名号，于其事迹则并无详述。由于中国神话思维远没有历

[1] 罗兰·巴特著，屠友祥、温晋仪译：《神话修辞术：批评与真实》，上海人民出版社 2009 年版，第 203 页。

[2] 《山海经》虽没有直接记载炎帝神农的事迹，但提到了炎帝之少女、之妻、之孙的一些神异之事，如《山海经第三·北山经》载“又北二百里，曰发鸠之山……有鸟焉……名曰精卫……是炎帝之少女名曰女娃”；《山海经第十八·海内经》载“炎帝之妻，赤水之子听訞生炎居”，说明在《山海经》的时代，炎帝神农的神话是广泛流传的。（见袁珂校注：《山海经校注》，北京联合出版公司 2013 年版，第 83 页、第 394 页。）《孟子·滕文公上》载“有为神农之言者许行，自楚之滕”，说明在孟子的时代，依然有炎帝神农氏的研究者存在。（见杨伯峻译注：《孟子译注》，中华书局 1960 年版，第 112 页。）

史思维发达，即使是这些残存的关于炎帝神农神话的片段，也被陆续地历史化了。一个显著的例证是，从《山海经》开始，记载炎帝神农神话的古籍，其神话色彩就在逐渐减弱，而历史写实性则日趋增强。所以，神话中的炎帝神农形象，逐渐演变成为历史上的贤君德帝的代表，继而炎帝的德性最终取代了神农的神性，至司马迁作《史记》成，炎帝神农作为黄帝之前的一代明君大帝的形象早已深入人心且没有任何疑问。另外，还须注意的是，在现今流传下来的先秦古籍中，炎帝和神农从未并称连署在一起[1]，炎帝和神农究竟是否指同一神或人，学界也历来争讼纷纭。一个较为折中的观点认为，炎帝乃是一个部族联盟的帝号，这一帝号自上古流传，并由多个氏族的头领接替担任，神农氏是其中一任，所以从这个意义上说，炎帝就是神农氏并无不妥[2]。然而，这并不能说明有关炎帝的全部故事流传就能与记载神农氏所有作为的文本完全一致。因为，从现存古籍来看，我们已经无法考证，神农氏之前还有哪几个氏族首领担任过炎帝以及神农之后炎帝称号的继承情况到底怎样。总而言之，无论炎帝，还是神农氏，在历史上都是一个若隐若现的存在，他们既不能被证伪，也不能被确定无疑地相信。既然炎帝神农从来都没有成为信史，那么我们就只能从神话学的角度，运用结构主义、原型批评等现代神话学理论工具从先秦古籍的只言片语中去寻找有关炎帝神农神话的文化内涵及其重要意义了。

当代神话学者袁珂综合多种古书记载，主要包括《山海经》《白虎通》《淮南子》等，为我们勾勒出了一个炎帝神农神话的比较完

[1] 最早明确将炎帝认定为神农氏的人乃是西晋史家杜预，在其所注《春秋左传注》中言“炎帝，神农氏，姜姓之祖也”。见杨伯峻编著：《春秋左传注》，中华书局 2009 年版，第 1386 页。

[2] 田兆元、明亮：《论炎帝称谓的诸种模式与两汉文化逻辑》，《华东师范大学学报（哲学社会科学版）》2007 年 5 月。

整的故事轮廓[1]，这为我们将这些神话做一系统性研究提供了部分异常可贵的基础材料。在此基础上，再根据列维－斯特劳斯的神话结构研究原理，我们便可以简单地将袁珂整理过的炎帝神农神话划分成几个故事单元和结构的组合。一是关于炎帝神农的形象，其经常被描述为一个牛首人身的复合体，表明炎帝神农与农耕文明（主要是以牛为主要动力来源的耕种文化）有着天然的密切联系；二是炎帝神农还是太阳神，能令太阳发出足够的光，使五谷孕育成长，使人民丰衣足食；三是炎帝神农生而神奇，刚生下来，其诞生之地就自然生出了九眼井，若汲取其中一眼井的水，其他八眼井的水都会波动起来；四是炎帝不但是农业之神，同时也是医药之神，他能以"赭鞭"鞭毒而为人们治病，还曾以大无畏的精神遍尝百草，在一天时间里而身中七十次毒之多；五是炎帝教育人们成立市场，在市场上互相交换彼此需要的东西。上述五种有关炎帝神农的神话故事情节分别来源于产生于不同时代的著作，其中有严肃性的权威学术著作，也有志人志怪一类的笔记小说，亦不乏后人根据炎帝神农的一些远古记忆和口头传说对其进行了较大程度的演绎后而形成的文字，这就是炎帝神农神话的记载越到后世故事情节越完整的原因所在。但是，不管人物形象、故事情节等这些神话中的可变因素如何变化，总会有一些不变的因素存在，比如神话中的行动和功能因素[2]，这些因素主导着神话的生成和再创造，我们只需要通过对神话中的行动和功能因素进行研究，就能够较为合理地在一定范围内解决目前我们所面临的炎帝神农神话的阐释困境。

首先，从神话的功能性出发，我们可以肯定，炎帝神农神话的产生主要是为了解释华夏民族发明农业、从事农业的由来，就像创

[1] 袁珂著：《中国神话传说：从盘古到秦始皇》，世界图书出版公司北京公司2011年版，第110—111页。

[2] ［苏］V. 普洛普：《〈民间故事形态学〉的定义与方法》，收入叶舒宪编选：《结构主义神话学》，陕西师范大学出版总社有限公司2011年版，第5页。

世神话里的上帝是为了解释世界是如何诞生的一样。我们的远古先民没有多少科学知识，但这并不妨碍他们创造的神话具有科学的逻辑性和严密的推理过程。在炎帝神农神话里，无论故事情节是如何地从简单到复杂、从单一到丰富，却始终围绕振兴农业这样一个核心点。为了让炎帝神农更加符合农神的形象，人们给了他一个神圣的出身，种种异象表明，神农就是为那个农耕文明即将诞生的大时代而生的。他一出生就可以为人们打井，这不就能让以灌溉农业为主的定居生活成为可能吗？为了让炎帝神农与普通人加以区别，人们赋予了他一个牛首人身的造型，这同样是为了强调他对牛耕得以发明的贡献。即使是炎帝神农的太阳神和医药神身份，同样也是服务于他的农神功能，因为充足的阳光是农业收成的保证，而医药百草不过是农业的附庸。

其次，我们也可以从炎帝神农神话中寻出几个比较稳定的“二元对立”结构，比如太阳神炎帝能令太阳发出足够的光而使万物生长，与之相对，我们很容易联想到如果没有炎帝，世界将会是怎样一个状态，黑暗、寒冷、万物凋敝的前炎帝时代将与炎帝时代形成一个鲜明的对比；而作为医药神，炎帝神农无疑掌握了人类生存和死亡的密码，乃至他自身的中毒、解毒过程更像是一个关于生、死对立关系的隐喻。二元关系的存在说明，炎帝神农神话的多个版本与其最初版本之间有着相似的思维逻辑，它们除了能够说明炎帝神农在一特定历史条件下的存在之外，还将前炎帝与后炎帝时代关联起来，并以这样一种方式形成了一个连续不断、螺旋发展着的神话叙述体系和结构[1]。

总之，炎帝神农神话的多重面貌和多个维度，本质上都源于同

[1]［法］列维－斯特劳斯认为，“神话的目的是提供一个逻辑模式，以便解决某种矛盾……神话将会螺旋式地发展，直到为它催生的智能冲动耗尽为止。”见克洛德·列维－斯特劳斯著，张祖建译：《结构人类学》，中国人民大学出版社2006年版，第211页。

一种神话题材和思维逻辑，拥有着相似的功能叙述体系，即使是后起的神话故事情节，它所运用的思维和叙述方式也是相当原始的，残留着炎帝神农神话的原始成分。只是我们祖先的神话思维不够发达，致使有关炎帝神农的神话，在其诞生之初或是之后不久，就变得支离破碎、面目全非。为此，我们的先民只能在这个基础上进行再创造，这就为新的关于炎帝神农神话的问世提供了条件，从而最终产生了炎帝神农神话的多重叙述和多个版本。

二、牛首人身的太阳神

纵观世界神话的发展历程和生成体系，炎帝神农神话并不孤单，并且它还成为其中很重要的一个组成部分，成功解码了华夏文明的起源问题。按照神话学的分类，世界神话大致可分为几个大的类别和发展时期，分别围绕几个不同的母题，重点解释了人类文明发展的源起和进程，诸如创世神话重点解释了世界是如何诞生的这一人类共同关心的母题，而英雄神话则赋予某人以神力或是其人能够得到神灵庇护，从而带领深处困顿中的人们走出蛮荒、走向幸福[1]。炎帝神农氏正是这样一个英雄，他具有半人半神的显明特征，牛首人身代表了原始崇拜的神秘力量，使他理所当然地担当起了教民耕种的重任，从而把华夏民族带入世界农耕文明的历史长河之中，并由此奠定了古老且绵延不断的东方文明之基。

事实上，炎帝神农氏的牛首人身并非中国古代的独创，而对于牛的偶像崇拜更是许多古老神话所要讲述的中心内容。在近东，牛

[1] 鲁刚《文化神话学》一书，将神话的发展大致分为三个阶段，即物活论阶段、有灵观念的出现阶段、人格化神的出现阶段，其中人格化的神是父系时代的产物，属于神话中的“英雄时代”。照此理论，则希腊奥利匹斯诸神及我国的炎黄神话均属于人格化神或是英雄神话阶段。见鲁刚著：《文化神话学》，社会科学文献出版社 2009 年版，第 12 页。

和牛头是想象的天堂动物形象，它们总是与太阳或月亮这样的东西相关。在埃及神话中，太阳与月亮都是“天牛”的别称。同样，在叙利亚与乌迦特，公牛也出现在天空中。在古代叙利亚的一枚印章上，类牛头装饰物位于两个类似于统治者的形象中间，右边是一个手持新月符号与太阳盘符号的男子[1]。将这些更为久远的神话素材与炎帝神农神话比较，不难发现，炎帝神农神话恰巧就是对上述神话片段的部分截取和连缀，并经过不断演绎，加入了新的故事元素，以符合其所在地域发生的最新变革和民族心理需求。因此，从本质上看，炎帝神农神话，主要是牛首人身的形象描述和其太阳神的定位，就像是对更为久远的文明中“牛崇拜”现象的延续。并且，这一华夏民族的具体神话还保留了在世界范围内的某些原始崇拜中将牛与太阳联系在一起的思维。牛和太阳都是原始社会最具力量的代表事物，象征着某种人们虽企盼但却无法驾驭的神秘力量，而二者的结合对处在刀耕火种时代的远古农业有着极为重要的作用，牛直接为耕种提供动力，太阳则提供光和热供作物生长，为此原始先民很容易将这二者联系起来，并想象二者由一个共同的神所主宰。在古代中国，炎帝神农氏正是担当了这样一个角色，人们将牛与太阳的强大力量都赋予了他，并相信能够在他的带领下种植五谷、收获果实，从此告别朝不保夕的日子，过上丰衣足食的定居生活。

炎帝神农神话能够融入世界神话大家庭的另外一个具体例证是他的出生问题，除了生而神奇地为其诞生地带来九眼井之外，在《史记正义》所引《帝王世纪》中还记载了炎帝诞生之前的一个异象，云“神农氏，姜姓也。母曰任姒，有蟜氏女，登为少典妃，游华阳，有神龙首，感生炎帝”[2]。显然，炎帝的诞生可以归结为一则感

[1] [2] [美] 马瑞纳托斯著，王倩译:《米诺王权与太阳女神: 一个近东的共同体》，陕西师范大学出版总社有限公司 2013 年版，第 149 页、第 152 页。

生神话，这一神话原型普遍存在于世界各个古老文明地区的神话里，即使在华夏中原地区也存在着多个变体，如《诗经·商颂·玄鸟》篇“天命玄鸟，降而生商”之句，讲的就是商人始祖契的母亲简狄因吞吃玄鸟的卵最后生下契的故事。无独有偶，《诗经·大雅·生民》篇也讲述了一个周的始祖感生降世的神话，“厥初生民，时维姜嫄。……以弗无子。履帝武敏，歆，攸介攸止，载震载夙，载生载育，时维后稷”[1]，这几句诗简单讲述了姜嫄因踏到了帝的脚印上而生后稷的故事。与之类似，华夏另一传说始祖黄帝以及少昊、颛顼、尧、舜、禹等古代圣贤皆有一个感生神话的华丽包装。华夏中原地区流行的这些感生神话最终都可以在西亚找到它们的历史源头。在《吉尔伽美什史诗》中就记载了大母神宁利尔感水而诞下南纳的神奇过程，这可能是最古老的感生神话，产生于公元前 2750 到公元前 2500 年[2]。这一感生神话的原型在公元 1 世纪发展到了高峰，这就是圣母玛利亚感上帝孕而生基督耶稣的故事[3]。将其与炎帝的降生对比，可以发现，二者均是作为救世主而降临人间的，炎帝为人类带来了农耕文明，而基督耶稣则是为了替世人赎罪，但他们的目的无疑是一样的，都是为了人类能得到美好而幸福的生活。炎帝神农氏最后因为遍尝百草而中毒甚深，但却能“神而化之”[4]或是“得茶而解之”，并为人们留下了可以疗伤治病的良药；基督耶稣虽然被钉死在十字架上，但却能死而复活，并为人们最终完成

[1] 高亨注：《诗经今注》，上海古籍出版社 2009 年版，第 400 页。

[2] 朱大可著：《华夏上古神系》，东方出版社 2014 年版，第 428—429 页。

[3] 据《圣经·新约·路加福音》记载，天使加百列告诉已经和一个木匠结婚的圣母玛利亚，将有圣灵降临在她身上并会使其受孕生子，这就是“神的儿子”基督耶稣。

[4] 《纲鉴易知录》载:“炎帝始味草木之滋，查其寒、温、平、热之性，辨其君、臣、佐、使之义，尝一日而遇七十毒，神而化之，遂作方书以疗民疾，而医道自此始矣。”见吴乘权等辑：《纲鉴易知录》，中华书局 2009 年版，第 3 页。

赎罪。这其间，无论是炎帝神农氏，还是基督耶稣，都经历了一个由生到死再到死而复生的过程，炎帝神农氏的中毒类似于死亡，而其“神而化之”则如同耶稣的死而复生。这种神奇的转换，一方面隐喻了二者的神圣性，他们都具有来自于最高天神的巨大力量，他们从一降生就是为了伟大的使命而来；另一方面也可以说明，他们就是最高神在人间的代表，或者说就是最高神自己。炎帝神农的诞生虽然没有明说是感上帝圣灵之孕，但其感神龙而受孕则与感最高天神而受孕无异，因为在华夏文化中神龙也只有最高天神“天”或“帝”才能驾驭，神龙的显现类似于天使的降临，表明炎帝神农氏也与耶稣基督一样具有“三位一体”的特性，可以获得永生并成为人类永久的守护神。

总而言之，炎帝神农神话完全可以归入世界神话产生发展的巨大体系之内，而且，通过与世界各地神话的比较，还有助于了解炎帝神农神话背后的深刻寓意和文化内涵。在这个体系之内炎帝神农神话与远古的太阳崇拜和最高天神的崇拜密切相关，说明在远古社会，华夏民族与其他更早迈入文明门槛的民族一样，面临着共同的生存和发展问题，而他们解决问题的方法也极为相似——在共同的原始思维的指导下编织了数个类似的原始崇拜神话和感生神话。这种神话思维绵延不绝，直到公元 1 世纪还有所发展，这也有助于我们理解，炎帝神农神话为什么会产生如此多的变体，因为神话书写本就是一个不断发展的过程。

三、“生命树”“丹木”“木禾”

茶与炎帝神农神话相关联，进而发展成同一个神话，虽然有可能是比较晚近的事情，但是“以茶解毒”的神话思维却是相当原始的，这主要涉及原始社会对生命树和知识树的崇拜问题。弗雷泽曾指出，“在原始人看来，整个世界都是有生命的，花草树木也不例外。它们跟人一样都有灵魂，从而也像对人一样对待它们”[1]。根据这种万物有灵观念，特别是当原始人身处茫茫无际的森林和草原之间，被各种植物所包围、包裹时，他们就极易产生对“树神”的崇拜，祈求在“树神”的护佑下获得智慧、延长生命。而“树神”的形象，无疑就会被描述成各种高大的乔木，尤其是年限长、体量大的乔木，在原始人的脑海里天然就是“神”的代表，理应受到不无烦琐的顶礼膜拜。

在《山海经》的时代，人们对生命树的崇拜已经相当普及，在其中所记载的东南西北各个方向上，方圆上百里、上千里的范围内，都能找到能够解救人类困厄的神树、神草、神花等植物，而且其中还被注入了各种灵魂观念，产生了各种神奇的效果。仅就《山海经·西山经》而言，其中所涉及的神树就有文茎、嘉果树、沙棠、丹木等诸多名目。这些神树的存在主要为人类社会的发展起到了两个方面的作用：一是可以强身健体、祛病解毒，比如文茎，《山海经》描述“其实如枣，可以已聋。其草多条，其状如葵，而赤华黄实，如婴儿舌，食之使人不惑”[2]。再如嘉果树，无论是植株、果实的形状，还是花朵的颜色，都与文茎相差不多，并起到了与文茎相似的功用，“其实如桃，其叶如枣，黄华而赤柎，食之不劳”[3]。二是古老的神树总是和古老的巫术息息相关，与神话中的英雄人物和原始天神崇拜渊源甚深，并曾一度主宰人类文明的进程。比如《山海经·西山经》所记载的丹木，其完整叙述如下：

[1]［3］［英］弗雷泽著，汪培基、徐育新、张泽石译：《金枝》，商务印书馆2012年版，第189页。

[2] 袁珂校注：《山海经校注》，北京联合出版公司2013年版，第21页。

又西北四百二十里，曰峚山，其上多丹木，员叶而赤茎，黄华而赤实，其味如饴，食之不饥。丹水出焉，西流注于稷泽，其中多白玉，是有玉膏，其原沸沸汤汤，黄帝是食是飨。是生玄玉。玉膏所出，以灌丹木。丹木五岁，五色乃清，五味乃馨。黄帝乃取峚山之玉荣，而投之钟山之阳。瑾瑜之玉为良，坚粟精密，浊泽有而光。五色发作，以和柔刚。天地鬼神，是食是飨；君子服之，以御不祥。[1]

这则有关丹木的记载，不但突出了其“食之不饥”的效用，还特别提到了其生长的环境——峚山，此山产白玉，“是有玉膏”，可想而知，木生其间必多灵异。而且滋养丹木的玉膏还曾为黄帝所用，足以“以和柔刚”，且能够为天地鬼神“是食是飨”、为君子“以御不详”。黄帝既然能够充分利用峚山之玉，则于丹木亦不会陌生，这说明在上古神话传说时代，至少是在《山海经》的时代，与炎帝几乎同时的黄帝就曾与神木、神树发生过相当亲密的关系，那么炎帝与神木、神树发生关系自然就是情理之中的事了。

除此之外，在《山海经·海内西经》中，还有一株更为奇特的神树——木禾，直接与原始崇拜中的最高天神“帝”发生了密切关系，其云“海内昆仑之虚，在西北，帝之下都。昆仑之虚，方八百里，高万仞。上有木禾，长五寻，大五围。面有九井，以玉为槛。面有九门，门有开明兽守之，百神之所在”[2]。这则神话与基督教《圣经》中所描述的生命树，有着更为接近的神话原型元素。据《圣经·旧约·创世纪》载，“耶和华神使各样的树从地里长出来，可以悦人的眼目，其上的果子好作食物。园子当中又有生命树，和分别善恶

[1][2]袁珂校注:《山海经校注》，北京联合出版公司2013年版，第37页、第258页。

的树”[1]，又载“又在伊甸园的东边安设基路伯，和四面转动发火焰的剑，要把守生命树的道路”[2]。两相比较而言，“帝”之“木禾”和上帝耶和华之“生命树”，都长在最高天神的专属园林中，于“帝”而言是“昆仑之虚”，于上帝而言则是伊甸园。而且，“木禾”和“生命树”俱被严格守护，由于“开明兽”和“四面转动发火焰的剑”的存在，而很难被常人接近，只有最高天神——“帝”和上帝才能与之为伴。神树之所以会如此神秘并和最高天神密不可分，弗雷泽给出的解释是，神树能使人相信“树或树的精灵能行云降雨，能使阳光普照”，而且“树神能保佑庄稼丰收”，还能“保佑六畜兴旺，妇人多子”[3]。可以说，在原始人的思维中，神树就是最高天神的代表，直接主宰着人间的福祸。特别是对于已经进入农耕文明的原始部落来说，神树与农业生产的关系更是十分紧密，而炎帝作为华夏神话的农耕文明始祖，其所掌管的正是光照的多少及农作物的收成，所司职能与神树或树神极其类似，所以当生命树崇拜的神话以及炎帝神话都较为发达的时候，原始人将二者联系在一起，从而编织成一个新的神话，也符合原始人的思维逻辑，是完全有可能的。

既然生命树和炎帝神农的神话有可能合二为一，那么茶、茶树和生命树之间是否也有着一种内在联系呢？在现今流传下来的炎帝神农神话中，茶可以说是和生命树的形象最为接近了。首先，从整体形象上来说，茶起源于野生大茶树，这是一种高大的乔木，如陆羽所言“茶者，南方之嘉木也。一尺、二尺乃至数十尺。其巴山、峡川，有两人合抱者”[4]，在现今发现的野生大茶树更有高达十米、

[1] [2] 中国基督教两会:《圣经》（中英文和合本），爱德印刷有限公司 1996 年版，第 3 页。

[3] 弗雷泽著，汪培基、徐育新、张泽石译:《金枝》，商务印书馆 2012 年版，第 198—200 页。

[4] 吴觉农主编:《茶经述评》，中国农业出版社 2005 年版，第 1 页。

数十米者[1]，其高大完全可以和“木禾”的“长五寻，大五围”相较，甚至是有过之而无不及。其次，从茶的叶、花、果实来看，“花冠白色，少数淡红色”，“成熟果实的果皮为棕褐色，外种皮栗褐色，内种皮浅棕色”[2]，其与文茎、嘉果树等《山海经》中的神树的花和果实也有相似之处。再次，从茶的功用来看，“茶茗久服，令人有力，悦志”[3]，“苦茶轻身换骨，昔丹丘子、黄山君服之”[4]，这些记载都明确道出了茶的药用价值，与文茎、嘉果的“可以已聋”“食之不劳”等功效并无二致，说明茶与神话传说中的生命树也有着相似的功效，于人而言能够起到强身健体、治病祛毒的作用。最后，从原始人的神话思维来说，当原始人看到外表高大，并且又能够给人带来神奇功效的茶树的时候，他们也会与见到文茎、嘉果树、生命树时一样，运用万物有灵的思维产生同样的联想，他们会认为，在茶树所有神奇现象的背后，一定会有一个最高天神的主宰，不但可以掌管茶树的治疗功效，甚至可以掌管人间的一切祸福。而炎帝作为最高天神选定的人间代表，作为医药和农业之神，也就顺理成章地和茶发生了关系，所以原始人会更倾向于将茶和生命树的神话安到炎帝神农身上，而不是与黄帝或是其他神话人物相嫁接，并最终形成一个新的神话雏形，这就是炎帝神农“日遇七十毒，得茶而解之”的由来。在这则新的神话中蕴藏着生命树、原始天神及巫术崇拜等丰富的内容，同时这些内容也被后人不断加以利用和放大，将茶与更多仙人求道、僧人求法的故事相连接，从而派生出许多仙话和民间传说故事，以至茶与炎帝神农的神话便湮没在这许多更为离奇和牵强附会的故事中而了无踪迹。这就是茶与炎帝神农的神话，在古籍中只有短短几句话，甚至无法确切考证其文献出处的原因。当然，即使茶与炎帝神农的神话是后人的杜撰，那么其杜撰也并非空穴来风，而是与上述种种文化现象不无关联，毕竟我们可以肯定的是，在现代科学正式传入中国之前，茶与炎帝神农的神话就已经

[1] 陈椽：《茶叶通史》，中国农业出版社 2008 年版，第 24 页。

[2] [3] [4] 吴觉农主编：《茶经述评》，第 19 页、第 199 页、第 201 页。

开始流传了，而古代中国人在没有接触现代科学时，其鬼神观念、巫术思维依然是比较发达的，而且这种观念和思维与原始人、与我们的远古先民相差无几。有鉴于此，则可知茶与炎帝神农的神话仍旧是原始崇拜的产物，仍旧可看成是原始神话在古代社会的残留，其内涵和意义与生命树神话及炎帝神农神话的合二为一依旧趋同。

四、原始崇拜的“变与不变”

中国境内，除了神农与茶的神话，在有关饮茶的起源问题上，还有诸多少数民族的神话传说流传于世，共同构成了大中华区的茶文化土壤，培育出了形形色色的茶文学形象，这也从一个侧面证明了，中华大地作为茶树的物质起源地，同时也是茶文化孕育产生的非物质摇篮。特别是中国的西南地区，这里不仅生长着郁郁葱葱的茶林、茶园，而且还存活着树龄上千年，甚至是几千年的大茶树，同时，这里的少数民族世世代代与茶相伴，创造出了丰富多彩的茶文化和茶文学作品，其中的大部分就包含在许多民族的史诗和古歌中，这些与茶相关的内容看似荒诞不经，但作为一种言说的形式，它们仍然能反映出内在的真实。

在西南少数民族的文化里，茶不仅是其日常生活所必需，而且还是各种巫术、祭祀、礼仪活动中的神秘力量之源，承担着开启神力、召唤神助的重要作用，比如基诺族和布朗族就深信万物有灵的观念，常以茶祭祀祖先和诸神，祈求祖先和神灵的佑护，以保其人畜兴旺、五谷丰登[1]。此外，有些西南少数民族甚至把茶树、茶神作为其民族中唯一的主神、真神加以崇拜，哈尼族、德昂族即是如此。至今在哈尼族聚居的红河、李仙江、澜沧江流域的哀牢山、

[1] 陈红伟、王平盛、陈枚等:《布朗族与基诺族茶文化比较研究》，《西南农业学报》2010 年第 2 期。

无量山地区仍是中国乃至世界上古茶树最为集中的地方。在这些地方，自古流传着这样一个故事：“远古时候，有个勇敢的爱尼（哈尼族的一个支系）小伙子猎获一头豹，他请来寨里人吃肉饮酒。席间，大家尽情跳‘冬八仓’（爱尼人的一种民间舞蹈），直跳到通宵达旦，口干舌燥。主人便煮一锅水给众人解渴。当锅里的水即将煮沸时，突然起了大风，屋外的树叶纷纷落下，有几片叶子随风飘进了锅里。大家喝后感到这水苦中带甜还有清香，比平时好喝，后来便常摘那种树叶泡水喝，继而采种子栽在房前屋后，并取名‘老泼’（茶叶）。”[1] 自哈尼族的祖先开始用茶以后，茶就频繁出现在了哈尼族的各种创世史诗和古歌里，成为人神鬼都共同喜爱的一种用品，是沟通神灵、传递信息的关键所在，并由此形成“无茶不成祭”的深厚传统。同样，德昂族与茶也有着割舍不断的血脉联系，在其民族史诗《达古达楞格莱标》中就记载了这样一个故事：在很古很古的时候，地上没有生命，而且一片荒凉，天上却因为到处都生长着茂盛的茶，因而美丽无比。小茶树为了让大地上也有生命，宁愿下凡去忍受痛苦，于是它冲破狂风骤雨，终使一百零二片叶子飘飘下凡，这些叶片在狂风中发生变化，单数叶变成五十一个小伙子，双数叶化为五十一个姑娘，这五十一对男女青年，先是战胜了洪水，又战胜了到处猖狂的恶魔，并最终喜结连理，世代繁衍人口，成为人类最早的祖先[2]。这则故事产生极古，处处体现出了原始人的神话思维，“原始人并不认为自己处在自然等级中一个独一无二的特权地位上，所有生命形式都有亲族关系似乎是神话思维的一个普遍预设”[3]。在这种预设下，德昂人完全以茶的视角看待世界，对他们来说，茶既是祖先，也是唯一的真神，是上帝一样的存在，正因为有了茶，才有了日月星辰的运行，才有了人类的生生

[1] [2] 敏塔敏吉、琴真：《哈尼族茶文化研究》，《思茅师范高等专科学校学报》2007 年第 2 期。

[3] 恩斯特·卡西尔著，甘阳译：《人论》，上海译文出版社 1985 年版，第 105 页。

不息。

生活在茶的原始产地的民族，不只发展出了原始的茶信仰和茶文化，而且他们的信仰和文化也影响到了其他民族和地区。随着茶马古道的开通，茶逐渐从西南输出到中原地区，同时，茶文化也开始在中原大地传播开来。《华阳国志·巴志》记载："武王既克殷，以其宗姬封于巴，爵之以子……其地东至鱼复，西至僰道，北接汉中，南极黔涪。土植五谷。牲具六畜。桑、蚕、麻、丝，鱼、盐、铜、铁，丹、漆、茶、蜜，灵龟、巨犀，山鸡、白雉，黄润、鲜粉，皆纳贡之。"[1]可见，早在三千多年前武王克殷之时，茶已经成为了西南地区向中原地区输出的贡品。难怪清代学者顾炎武在列举了秦汉魏晋以来关于茶的各种记载之后，会断言："是知自秦人取蜀而后始有茗饮之事。"[2]既然中原地区饮茶的习惯都有可能开始于两三千年前，那么西南地区植茶、采茶的历史则更为久远，甚至将其上溯到炎帝神农时期或更早，也是颇有依据的。这样一来，炎帝神农发现茶的神话在其产生的时间点上就与人类植茶、用茶的历史实际相吻合。并且，这一神话的产生既然与茶之向东传播有关，那么，其本身就不可能不受到来自西南少数民族地区流传的茶神话、茶传说的影响。一些显著的证据表明，现在在汉族地区流传下来的一些有关饮茶起源的神话或传说，都有着与西南少数民族地区的茶神话、茶传说类似的故事情节，这一现象不仅仅是历史的巧合。比如宝鸡地区就流传着这样一个故事：炎帝神农采药累了，就坐下来休息架锅烧水，想着等水开了，就煎药试服以辨其药性。这时，一阵风将几片树叶刮到了锅里，散发出一阵清香，炎帝试服锅中之水，顿觉生津止渴、神清气爽，于是就将这些树叶定名为茶，并向世人

[1] 常璩著，任乃强校注：《华阳国志校补图注》，上海古籍出版社 1987 年版，第 4—5 页。

[2] 顾炎武著，黄汝成集释，栾保群、吕宗力校点：《日知录集释》（全校本），上海古籍出版社 2006 年版，第 449 页。

推而广之[1]。这个故事与哈尼族先民发现茶的故事如出一辙，类似的故事还有四川地区流传的“老人因肚胀而摘取一种树叶煮水消食，最终将其定名为茶”[2]的故事，藏族聚居区也有类似故事流传，只是其产生时代略晚，《汉藏史集》记载：松赞干布之曾孙都松莽布杰继承赞普之位后不久，得了一场重病，因吐蕃没有精通医学的医生，一日偶然尝了小鸟衔来的树叶，顿时备感清爽，便命大臣去寻找这种树叶。大臣不远千里四处寻找，终于在汉地找到，便带了一大捆回来，赞普加水煮沸后日日饮用，身体也逐渐康复，于是将其作为上好的保健饮品，甚为珍视。这就是茶[3]。

纵观这类神话、传说，其与炎帝神农“日遇七十二毒，得茶而解之”的神话都有着相似的精神文化内核。首先，从相似的故事情节中不难发现，茶最初为人类所用，都与其自身的药用价值息息相关，正是由于茶有清神明目等种种功效，人们才赋予了茶更多的神秘色彩，并在万物有灵观念和对生命树的原始崇拜等精神因素的支配下，发展丰富出了茶与灵魂、诸神的关系。其次，环环相扣的故事情节也能说明，所有关于饮茶起源的神话、传说，很可能有着一个共同的源头，流传在汉族地区的神农神话与流传在西南地区的少数民族神话互相补充，将人们对生命树的原始崇拜讲述得更为生动形象和具体，也更具传播效力，更易感染更多的人去相信茶的生命树本质。再次，虽然无法考证西南地区神话和神农神话到底哪个更为早出，哪个是通过借鉴其他版本才发展而来的，但我们仍可以肯定，原始先民的神话思维是支配这一切发生发展的根本力量。在德昂族的创世神话里，茶就是最初的真

[1] 韩星海：《“中华茶祖”神农炎帝及其考》，《上海茶叶》2009 年第 2 期。

[2] 《中国茶文化大观》编辑委员会编：《清茗拾趣》，中国轻工业出版社 1993 年版，第 200 页。

[3] 达仓宗巴·班觉桑布著，陈庆英译：《汉藏史集》，西藏人民出版社 1986 年版，第 92—93 页。

神，其下凡创造人类世界的故事与神农秉承最高神的意旨以茶解救苍生的故事都源出于人们的原始崇拜。从本质上说，德昂族的以茶作为本民族图腾与神农以茶作为可“神而化之”的灵丹妙药是一回事。最后，还须说明的是，神农神话和西南少数民族神话都不是一成不变的，而是一个发展变化的过程。这些神话、传说中的互相借鉴，毋宁说就是其发展变化的一个缩影，但无论怎样变化，其故事内核都是有所继承的，比如可以肯定是晚出的藏族传说，依然继承了茶最初为药用的这一根本特点；而其中的思维模式更是一脉相承，反映出神话的原始色彩并没有完全改变。

五、茶祖神话的现代接受

茶祖神农神话的确切出处虽然扑朔迷离，但这并不妨碍人们对此类文字的接受和传播。从茶圣陆羽开始，人们就已然奉炎帝神农为茶祖，并肇起最初的祭祀活动了。当然，神农茶祖地位的巩固与近代以来中国茶学的发展也是密不可分的。随着西学东渐的深入，茶学作为一门学科开始从传统的经史之学中分离出来，并成为新式大学中的一个专业，吸纳了不少教师和学生的关注，由此产生了中国第一批茶学人才。而且，就在近代大学茶学专业师生之间的授受过程中，茶学专业的教材中就已经把“神农得茶解毒”的神话列为了必学内容[1]。从此，茶祖神农便成为茶学界的一大共识，而少有人提出异议。这说明，在学界人们更加倾向于认为，神农就是茶祖的代名词，同样只要提到茶祖，人们潜意识里则更易相信其一定非神农莫属。这种局面的出现，主要是由学术惯性造成的，毕竟茶圣陆羽的认定在前，我们也找不出确凿的证据以否定陆羽早在唐代就已得出的定论。想必在陆羽生活的时期，他还是能见到如今业已

[1] 陈椽：《〈“神农得茶解毒”考评〉读后反思》，《农业考古》1994 年第 4 期。

失传的一些古书的，其中应有足够的材料证明茶祖就是炎帝神农。不然，他也不会在《茶经》一书中反复阐明神农与茶的密切关系。如果再联系陆羽之为人为学的原则，《唐才子传》言其“有学，愧一事不尽其妙”[1]，则可知陆羽平生学识渊博，且做任何事都力求完美，那么他也断然不会在他所深爱的茶学事业上犯一些违反常识性或是考证不严密、不严谨的错误，除了害怕给后人留下学识不佳的口实之外，他更不想犯的自然就是贻误后学之过。

除却在茶学界逐渐形成的共识——一方面是出于对陆羽写作《茶经》的尊重和信任，另一方面是为了遵循现代学术研究的一般规范，在没有更多文献支撑的情况下，我们无法根本否定茶祖神农神话传播久远的事实——有关茶祖神农的神话和传说在民间拥有更为广泛的群众接受基础，有着得天独厚的传播条件。许多地方（包括政府和人民）都大力弘扬茶祖神农的事迹，不遗余力地传播茶祖神农文化，诸如“茶之为饮，发乎神农氏”“神农尝百草，一日而遇七十二毒，得茶而解之”等神话传说，未必可以完全相信，如传之甚久，播之甚广，又不可不信，久而久之，人们就会传颂并追塑出一位偶像，一个情节，构成合理的内涵传承下来[2]。神农本身就是中华民族的人文始祖之一，即使没有确切的材料证明神农与茶的密切关系，人们也更愿意将茶祖的头衔赋予神农，因为神农早就被奉为医药之神、农业之神，有着超凡的能力，那么由神农发现茶也就理所当然。神农不是别人，他乃是上古大帝（真神）在人间的代言，而茶在神话中也能被证明来源于上古大帝所造的唯一生命乐园。基于此，人们才会不断发掘茶祖神农神话背后的诸种隐秘，情愿为之奉献最为出色的想象力，这也就是有关茶祖神农的神话传说得以在各地流传并不断发展演绎出新的故事情节的原因所在。

[1] 孙映逵校注：《唐才子传校注》，中国社会科学出版社 2013 年版，第 212 页。
[2] 王融初：《茶祖神农其人与湖湘茶业的传播发展》，《茶叶通讯》2009 年第 1 期。

茶与神农不但为人乐道，他们之间最终还演变出一种互相依存、互相成就的关系，没有茶，神农的神话就是不完整的，甚至略显单调；而没有神农，茶文化亦是有所残缺的，进而趋于肤浅。因为，茶与神农互相成就的深层原因，不在于神农对茶的有效利用，而在于神农与茶在神性本质上的统一。作为中华民族文化中的一对经典符号，它们其实共同发挥出了弘扬“茶道”和优秀“茶文化”的主力军作用，特别是这对符号对于我们民族文化心理的影响更是不容忽视的。可以肯定的是，必然会有“茶与神农的神话”流传在前，才会有后之陆羽对茶祖神农身份的权威认定。这是缘于，在陆羽之前，茶作为一种“轻身换骨”的灵药，应用已经相当普及。茶不仅物尽其用，并且也深刻影响到了文人士大夫对茶之形象的接受。尤其到了汉末魏晋时期，《搜神记》《神异记》等志怪小说中都频繁出现了茶，而且茶总是伴随着鬼怪、神仙、道士和一些奇异的现象出现，穿插在域外求法、上山学道成仙等故事中。这说明，茶天然带有一种神仙气质，所以才致使人们对其产生了无限联想。文人士大夫的这种心理，使他们更加相信茶祖神农神话所言不虚，也使他们更加笃定茶来自于上天的恩赐。茶之为物，就像是“道之为物”一样，“惟恍惟惚。恍兮惚兮，其中有象；惚兮恍兮，其中有物。窈兮冥兮，其中有精，其精甚真，其中有信”[1]。当人们最终将茶与道连接起来，神农与茶的神话无疑会在此中起到一个推波助澜的作用。更为巧合的是，最早提出“茶道”概念的诗僧皎然，竟然与陆羽是一对忘年之交。因此，同样爱茶、惜茶的皎然不会不知道陆羽在《茶经》中数次肯定的茶祖神农之说。当然，他在提出“茶道”概念时，到底是在多大程度上参考了陆羽的说法，这对我们来说，恐怕将永远是一个无

[1] 语出老子《道德经》，见陈鼓应注译：《老子今注今译》，商务印书馆 2006 年版，第 156 页。

法解开的千古之谜了。

总之，茶祖神农神话自有其特殊的魅力和存在价值，肯定或者褒扬茶祖文化其实是对中华民族优秀传统文化的继承和发扬，“神农氏在上古时代极端艰难困苦的环境中勇于开拓、敢于牺牲、为民谋利的精神，正是中华民族先祖开创伟大华夏文明的原因，是中华民族伟大精神的象征和结晶”[1]。在这个意义上，茶祖神农品味百草、为民治病、造福于民的牺牲精神，无不透露出中华民族得以生生不息的精神动力，无不昭示着中华民族走向未来的勇气和信心。同时，茶祖神农身上也浓缩了中华民族的优秀传统美德，诸如“牺牲小我、成就大我”的集体意识、“生命不息、奋斗不止”的拼搏精神、“不畏艰苦、勇于创新”的生命韧性，都值得每一个中华民族儿女不断学习和发扬光大。

[1] 钱宗范、朱文涛：《炎帝和炎帝文化辨析》，《广西右江民族师专学报》2005 年第 1 期。

第二章

竹下忘言对紫茶：唐宋茶诗之道

在中国诗歌发展史上，唐宋诗歌无疑是其中最为雄伟壮观的并峙双峰。李唐王朝在开创全新大一统帝国复兴的同时，也开创了多元文化的全面繁荣，这其中唐诗作为李唐王朝文化繁荣的表征，最为人们津津乐道。先是从汉魏乐府中汲取营养，继而接踵宫体诗的音乐美学，唐诗出色地完成了由古体诗向近体诗过渡转变的过程，李白、杜甫等一大批天才诗人创造出了无与伦比的大唐气象；而有宋一代，秉承文人立国的国策，其文化繁荣的景象亦是可圈可点，除却宋词或婉约或豪放的流光溢彩，宋诗也发展到了一个新的高度；以词为诗、以文为诗、以学问为诗，宋人在唐人基础上另辟蹊径，开辟出了更为广阔的诗歌创作空间，其文学、美学和思想特质直与大唐气象相颉颃。

抛开唐宋时期诗歌大发展、大繁荣的表面现象，我们还应该看到，这一时期的文化环境也发生了翻天覆地的变化。在远离了战乱、徭役、疫病的威胁之后，唐宋时期的物质文明获得了空前发展，举凡农耕、建筑、陶瓷、印刷、饮食等相较以往都有了长足进步[1]。物质上的丰富、生活品质的改善使得唐宋士人，包括寻常百姓，不再满足于一日三餐的取舍予得，而是开始普遍追求更为精

[1] 据孙机《中国古代物质文化》一书考证，支撑我国农耕文明发展的主要根基之一——耕犁，在唐代获得了重要改进，出现了曲辕犁，大大节省了畜力，提高了耕地效率；而几乎在同时，唐宋时期的手工业和科技水平都迎来了一个发展良机，或是从国外引进先进生产技术，如唐太宗从印度引入制糖、熬糖之法，或是对国内已有技术进行改良，如宋代之发明指南针、活字印刷术等，这些技术都深刻影响了唐宋时期的生产力，有力地促进了人们生活质量的提高。总之，唐宋时期的物质文明达到了以往历朝历代所无法企及的高度，其物质文化也堪称国史弥珍。参见孙机：《中国古代物质文化》，中华书局2014年版，第8、70、420页。

致的生活体验和审美意趣，饮茶、品茶、斗茶以及与之相关的咏茶等活动逐渐成为人们生活中不可或缺的一部分，特别是到了中唐以后，茶已经成为无论城乡都视之为“无异米盐”且“人之所资，远近同俗，既祛渴乏，难舍斯须”[1]的日常生活饮料，饮茶之风亦从山林、寺院“刮”到了世间，在全社会形成了普遍好茶的风尚。由此形成了饮茶之风盛行与诗歌繁荣几乎同时行进的局面，并产生了大量以茶为题材或是与茶相关的各体诗歌，其中亦不乏名家名篇，如李白之于仙人掌茶、苏轼之于龙凤饼茶。而且，唐宋诗人不但善于咏茶，更是将饮茶纳入了日常饮食起居、交游访道甚至是文学创作等活动中，呈现出茶与诗歌深度结合的基本面貌。

处于唐宋诗歌大繁荣的背景下，茶诗一改汉魏寥寥几首的窘境，而开始大量出现。这一方面拓深了人们对诗歌将描写生活与抒发情感相结合的内在规律的认识，开拓了诗歌的题材和境界；另一方面，茶诗也反映出了唐宋士人的一般精神风貌和当时社会的风气所向，是理解唐宋士人心态和世风世貌的重要参考。某种程度上，唐宋茶诗即是对大唐气象及宋诗情理的另一种诠释，因为，唐宋茶诗里不仅有茶，更有唐宋士人的情感寄托，其在很多方面都与唐宋时期的整体社会格局息息相关。茶诗，不仅可以用来佐证唐宋时期的饮茶风尚和喜好，便于人们从简短的文字记载

[1] 王溥撰：《唐会要》（卷八十四“杂说”篇），中华书局1955年版，第1546页。

中寻找唐宋时人饮茶、品茶、斗茶的具体方式和方法[1]，而且，茶诗也是唐宋诗歌的一个重要组成部分，对其的理解不能仅仅局限于对唐宋茶事的考据，而是需要在掌握一定的读诗、解诗方法后（比如传统的“知人论世”“以史证诗”及颇为现代的文学批评等方法），灵活运用唐宋诗歌的基本知识（比如诗史中的“诗分唐宋”“唐诗贵兴象而宋诗重理路”等），从诗歌的意象及写作手法入手精读、细读，以增加对唐宋茶诗理解的深度和广度。

一、茶之愁绪的兴象与论说

中国诗歌研究史上，“诗分唐宋”是宋以后研究者历来都非常重视的一个诗学问题。宋代的严羽在其著作《沧浪诗话》中首先指出：“唐人与本朝人诗，未论工拙，直是气象不同。”[2] 又说：“诗有词理意兴。南朝人尚词而病于理；本朝人尚理而病于意兴；唐人尚意兴而理在其中。”[2] 从中可以看出，严羽已对唐宋诗的不同有了较为清醒的认识，但限于其“不著一字，尽得风流”的诗歌“境

[1] 利用唐宋时期留下的丰富茶诗资源，以考证唐宋饮茶的风俗特点，目前是研究者尤为致力的研究方向，产生了颇为可观的研究成果。主要有李斌城：《唐人与茶》，《农业考古》1995 年第 2 期；韩金科：《试论大唐茶文化》，《农业考古》1995 年第 2 期；吕维新：《唐代茶文化的形成和诗歌文学的繁荣》，《茶叶机械杂志》1994 年第 3 期；顾风：《我国中、晚唐诗人对于茶文化的贡献》，《农业考古》1995 年第 2 期；丁文：《唐茶道的文化特征》，《农业考古》1995 年第 2 期；扬之水：《两宋茶诗与茶事》，《文学遗产》2003 年第 2 期；吴水金、陈伟明：《宋诗与茶文化》，《农业考古》2001 年第 4 期等。在这些论文中，茶诗仅是研究唐代茶文化的资料，虽涉及茶事、社会百态及茶道内涵和总体特征的研究，但其研究重点并不是茶诗本身，缺乏对茶诗本身文学性和艺术性的深入研究。

[2] [2] 严羽著，郭绍虞校释：《沧浪诗话校释》，人民文学出版社 1961 年版，第 144 页、第 148 页。

界”学说，他对唐宋诗的评价颇有“扬唐抑宋”之嫌。此后，坚持此一学说的亦不乏其人，明人镏绩云：“唐人诗一家自有一家声调，高下疾徐，皆合律吕，吟而绎之，令人有闻《韶》忘味之意。宋人诗譬则村鼓岛笛，杂乱无伦。”[3] 这一观点，在明代尤为流行，前后七子李梦阳、何景明、李攀龙、王世贞等大倡“文必秦汉，诗必盛唐”之说，于唐诗推崇备至，于宋诗则不屑一提，其影响所及，以致后世学子论起中国古代诗歌，都会有一个唐诗优于宋诗的刻板印象。当然，随着人们对诗歌本质认识的加深，“扬唐抑宋”的传统诗歌观念也越来越受到人们的挑战，“唐宋调和”说即应运而生。近人陈衍主张“诗不分唐宋”，而有“三元”，其《石遗室诗话》卷一云：“盖余谓诗莫盛于三元：上元开元、中元元和、下元元祐也。……余言今人强分唐诗、宋诗，宋人皆推本唐人诗法，力破余地耳。庐陵、宛陵、东坡、临川、山谷、后山、放翁、诚斋，岑、高、李、杜、韩、孟、刘、白之变化也；简斋、止斋、沧浪、四灵，王、孟、韦、柳、贾岛、姚合之变化也。故开元、元和者，世所分唐、宋人之枢斡也。若墨守旧说，唐以后之书不读，有日蹙国百里而已。”[2] 进而，陈衍还提出“盖合学人、诗人之诗二而一之也”的观点，认为唐人的“诗人之诗”与宋人的“学人之诗”之间并没有横亘着一条不可逾越的鸿沟，而是存在着广泛而深刻的诗学联系。钱锺书则将这一观点阐述得更为明白，其曰：

唐诗、宋诗，亦非仅朝代之别，乃体格性分之殊。天下有两种人，斯分两种诗。唐诗多以丰神情韵擅长，宋诗多以筋骨思理见胜。严仪卿首倡断代言诗，《沧浪诗话》即谓“本朝人尚理，唐人尚意兴”云云。曰唐曰宋，特举大概而言，为称谓之便。非曰唐诗必出

[3] 镏绩著：《霏雪录》，收入永瑢、纪昀等编纂：《钦定四库全书》（文渊阁影印本），上海古籍出版社 2000 年版，第 866 册第 657 页。

[2] 陈衍著，郑朝宗、石文英校点：《石遗室诗话》，人民文学出版社 2004 年版，第 7 页。

唐人，宋诗必出宋人也。故唐之少陵、昌黎、香山、东野，实唐人之开宋调者；宋之柯山、白石、九僧、四灵，则宋人之有唐音者。[1]

上述言论旨在说明，唐诗和宋诗的本质区别不是其所产生朝代的不同，而是一种诗歌风格的分野，唐音也好，宋调也罢，其各自作为一种诗歌风格是早就存在于诗歌创作中的普遍现象，唐代的诗人，如杜甫、韩愈、白居易、孟郊等，他们所创作的诗歌并不都是“意兴”的描摹，也有细致入微的说理成分；同样，宋代的诗人，如张耒、姜夔、以希昼为代表的九僧、以赵师秀为代表永嘉四灵等，他们的诗歌除了说理的成分，还有对“意兴”的精确把握，其成就也不比唐朝诗人差到哪儿去。以此种观点来分析唐宋以来的茶诗，我们发现茶诗也不能脱离唐宋诗歌创作的大背景，其自身也有着唐宋风格的不同体现。这主要表现为诗歌意象和写作手法的不同，有的茶诗以抒发作者意兴为主，有的茶诗则以说理服人为目的，还有的茶诗两者兼而有之，呈现出多元并存且有效融合的诗歌风格和写作风貌，可以说代表了茶诗创作的最高水平，使其不只能在茶诗的一隅之地中立足，更可以在中华诗歌史上的广阔空间占有一席之地。

首先，从总体数量上来看，唐宋茶诗的总量虽然不是十分庞大，但其重要性却毫不逊色。据赵方任辑注《唐宋茶诗辑注》一书不完全统计，唐宋茶诗的总量达 5800 余首。这相较于《全唐诗》的 4 万余首、《全宋诗》的 27 万余首诗歌而言，只是沧海一粟。由于《唐宋茶诗辑注》一书收诗标准相当宽泛[2]，不止限于朱自振、沈汉在《中国茶酒文化史》中所言及的“以与茶品饮相关的内容为

[1] 钱锺书：《谈艺录》，生活・读书・新知三联书店 2007 年版，第 7 页。

[2] 作者自述，“本书的收诗标准要宽泛的多。简而言之，凡是和茶及其文化直接相关的诗均在收录范围”。见赵方任辑注：《唐宋茶诗辑注》，中国致公出版社 2001 年版，《自序》第 5 页。

主题”[1]的茶诗范围，而是将与茶及其周边事物茶肆、山泉等相关内容关联的诗歌均酌情收录，故真正意义上的纯茶诗则还有可能更少，但几千首至少是有的。然而，就是在这几千首诗歌当中，却包含了唐宋时期最为重要的诗人的作品，形成了唐宋文人乐吟诗、诗人无一不咏茶的局面，李白、杜甫、白居易、苏轼、陆游等一大批重要诗人的名篇佳作均在其列。另外，几千首茶诗对于研究者而言，工作量也是相当巨大的。因为除了极少数的几个诗人，很少能有人留传下来几千首诗歌，其中不乏文献不足、版本难考、作者和写作时间待定等一系列问题需要解决。而且，仅就现有的唐宋茶诗而言，仍有许多复杂情况需要特别注意。如果我们以唐宋异代来分别界定唐宋茶诗的数量，就会发现唐代茶诗在数量上远不及宋代茶诗，唐代茶诗只有几百首，而宋代茶诗则有几千首。如果我们放弃朝代成见，而专以唐宋风格的不同加以界定，则具有唐诗风格（主要指以意兴为主）的茶诗与具有宋诗风格（主要以议论说理为主）的茶诗，其分布也是极不均衡的，而且不论哪类诗歌都不能单纯以数量为唯一标准去衡量其重要性。很明显的例证是，存茶诗较多的苏轼、陆游等人的茶诗，并不是每首都比李白、杜甫少量的几首茶诗重要。所以，研究唐宋茶诗，不能单以统计数据为支撑，而是要尽量脱离数学统计规律，对每一首茶诗都要做出具体的分析和解读。如孟浩然的《清明即事》一诗，此诗只有《全唐诗》收录，其余各本均无[2]。这种孤本的存在，虽然让人极为怀疑其真实可靠性，但在亦无法证伪的情况下，我们只能勉强承认其确为孟浩然所作。又因其原系孤本，便不具备依数量统计进行研究的条件，它对于唐诗和孟浩然来说都是唯一的存在。如其云：

[1] 朱自振、沈汉：《中国茶酒文化史》，文津出版社（台北）1995年版，第237页。
[2] [2] 徐鹏校注：《孟浩然集校注》，人民文学出版社1989年版，第303页。

帝里重清明，人心自愁思。车声上路合，柳色东城翠。花落草齐生，莺飞蝶双喜。空堂坐相忆，酌茗聊代醉。[2]

此诗基本符合孟浩然所擅长的五言短篇的特征，首联即引入了一种对比的写作手法，在京都士人都非常重视的清明节日里，远离家乡的旅人却感觉不到多少盛大节日的气氛，而只有一种自内心而生的愁思。清明在唐代是个去郊外踏青、游玩的好日子，所以人们竞相出城，于是嘈杂的车马声响彻大小街巷。东城的柳色、城外的草长莺飞吸引了一大批城里人前去观赏，而这时唯有旅人面对空堂，也只能姑且思想家乡，聊以烹茶为事，醉在其中。整首诗的意境，使人极易联想到孟浩然的另外一首描写春天的短篇，其相较于他唯一的这首茶诗尤为有名，其句为："春眠不觉晓，处处闻啼鸟。夜来风雨声，花落知多少。"[1] 这首绝句，同样是在写一个旅人，在春天的早晨醒来，无意中发现春天正生机盎然，呈现出一派欣欣向荣的景象。但是热闹的表面繁华，却勾起了旅人心里莫名的感伤情绪，这不是简单的伤春悲秋，恐怕也是和思乡的愁绪密切相关的。两诗对举，既能帮助我们判断孟浩然到底能否写出"酌茗聊代醉"的诗句，也有助于我们更好地去理解整首茶诗的意境。从诗中对春天的感怀、对人生际遇的感叹、对花草树木的移情，可以看出，茶诗为孟浩然所作的可能性极大。因为整首茶诗并没有仅仅局限于描写作者对茶的品饮，茶只不过是诗中的一个主要意象，在诗歌的组成上，其作用与城东柳色、花落草生、莺飞蝶喜等意象群组一样，表达的都是同一个思乡的主题。但是，茶的意象地位又比较突出，因其处在尾联，很明显有总结全诗的作用，而且茶还直接与首联中的愁思相呼应，是直接对愁思情绪的抒发；相反，柳色、莺飞等意象是以乐景写哀情的反衬用法，如果去掉首联和尾联，没有了对愁

[1] 徐鹏校注：《孟浩然集校注》，人民文学出版社 1989 年版，第 283 页。

绪的直接表达，则整首诗就不再具有哀情的基调，很可能会给读者一种“春色满园”的错觉，其感情也会由悲转喜，从而与作者要表达的意思大相径庭，更会缺少许多耐人寻味的意味。所以，茶的意象可谓是全诗之眼，茶之苦、之醉人的效果与愁有着难以割舍的血缘关系，并能把愁诠释出不同的层次，茶意象的加入比之没有茶意象加入的同类诗作《春晓》，在对愁绪的表达上更为内敛而深沉，这种愁绪是只有喜欢茶、品过茶、悟过茶的大德之人才能够清楚感知、参悟透彻的。所以，《清明即事》的作者一定能写出《春晓》，而《春晓》的作者却不一定能写出《清明即事》，但二者又确实存在着极为相似的表达逻辑和情感寄托，在没有确凿的反证的情况下，基本可以确定为二者乃是同一人的作品，而且《清明即事》是对《春晓》主题的进一步深化和发挥。

再比如，与孟浩然同时代的诗佛王维的茶诗《赠吴官》，其在王维诗作中也是属于凤毛麟角的一类。此诗与王维一贯诗风相左，其最大的特点是以戏谑孟浪之笔，写出了王维客居长安时的真实生存境况。如其云：“长安客舍热如煮，无个茗糜难御暑。空摇白团其谛苦，欲向缥囊还归旅。江乡鲭鲊不寄来，秦人汤饼那堪许。不如侬家任挑达，草履捞虾富春渚。”[1] 诗中的“茗糜”就是茶粥，王维素喜食茶粥，但长安虽大，却鲜有食茶粥之所，所以，当暑热之际，王维才会发出“无个茗糜难御暑”的感叹。这既是在感叹长安的“居大不易”，同时也隐含了王维自己对于人生逆旅的理解，同时引出了下一句诗“空摇白团其谛苦”中的佛理。“谛苦”，指的乃是佛教“四谛”之说中的“苦谛”，即苦的内容，有八种，除生老病死之苦外，还有怨憎会苦、爱别离苦、求不得苦、五盛阴苦[2]。总之，佛家是最懂得人生本身之苦的。显然，王维十分精

[1] 王维撰，陈铁民校注：《王维集校注》，中华书局 1997 年版，第 583 页。
[2] 姚卫群：《佛学概论》，宗教文化出版社 2002 年版，第 7—8 页。

于佛学，更擅于运用佛理解释人生。在无茶粥解暑的长安，王维无异于处于人生的暗黑时期，而茶或者佛才是能带他脱离苦海的救世主。如此我们也就不难理解，王维为什么会在深味人生之苦后，倾向于做出“不如侬家任挑达，草履捞虾富春渚”的选择，也即归乡隐居，做一个超脱世外的高人。可见，茶在王维的诗中虽然少见，但其所阐释的内容却相当普遍和重要，与王维的其他诗作一样，也都处在一缕“绵绵若存”的佛光照耀下，贯穿着诗佛王维对佛理的精深理解。

其次，作为茶诗中的主要意象，茶所要表达的情感、所关联的事物都是极其复杂和多变的，甚至有些时候，我们并不能简单地以唐诗风格、宋诗风格的标准对其进行分类界定和研究。比如上述孟浩然的茶诗所要表达的是旅人的愁绪，全诗意象繁复，可以说是典型的唐诗重意兴的写作风格，但这并不能证明所有要表达愁绪的茶诗就是重意兴的。换句话说，重意兴并不是茶诗表达愁绪的唯一方式和方法，说理同样能够表达愁绪，而茶也就相应演变成说理表达愁绪时的证据，不再是令人浮想联翩的意象。如宋人郑刚中《磨茶寄罗池一诗随之后以无便茶与诗俱不往今谩录于此过眼便焚切勿留》一诗，云：

有人遗我建溪香，茶具邻家自借将。亲磨无从亲付汝，一推惟是一回肠。趋庭愧我缪知鲤，证父怜儿那得羊。浅啜饭余深自省，再生天地属君王。[1]

这是首典型的宋人说理诗，但其所说之理并不是宋代的理学，而是旨在说明愁绪是如何产生的一般规律和道理。茶在这样的诗中，

[1] 北京大学古典文献研究所编纂：《全宋诗》，北京大学出版社 1991 年版，第 19067 页。

显然不能单纯地以诗歌的意象看待，而应被看作其说理的依据或部分事实的佐证。对一般人而言，有人送来香茶，邻家又肯将茶具慷慨借出，之后肯定会是一幅品茶、享茶的和谐安乐画面，但对于诗人同时也是两宋交替之际的抗金名将郑刚中而言，这样优雅闲适地享受一款香茶和一段美好的午后时光就等于英雄无用武之地，就等于赋闲在家一无是处。宋代文人应该多是爱茶、喜茶的，可郑刚中偏偏不是，对于他来说，上阵杀敌远比居家品茶更为令人向往和欣喜。而一款香茶，一款天下知名的好茶，可谓是茶中的君子和英雄，竟然落到了他这个不懂茶的人手里，也可称得上是误入歧途、英雄无用武之地了。茶在自己手里的遭遇，令他想起了“涌泉跃鲤”“证父攘羊”这样两个典故。缪知鲤，是作者自责自己没有像大家耳熟能详的二十四孝故事“涌泉跃鲤”中的人物一样百事孝为先，没能留在父母身边以尽侍亲之责。因为一旦踏入宦途，早已身不由己，不能在家侍奉爹娘事小，若亦不能在外发挥一己之长、报答君王、施展抱负、保家卫国则事大，所以作者只能是自愧难当、愁容满面。“证父攘羊”典故的化用，更是将这种愁绪深入一层做了论述，在《论语》中出现的证父因为“攘羊”，意即取别人家之羊，而遭到了自己儿子的举报，孔子对这件事评论道：“吾党之直者异于是，父为子隐，子为父隐。——直在其中矣。”[1]显然，孔子所认为的直率和耿直不是“证父攘羊”式的父子之间的互相检举揭发，而是遵循孝慈优先的原则，父亲替儿子隐瞒，儿子也同样替父亲隐瞒，而直率和耿直就在这种行为中自然体现了出来。如果用孔子的标准去衡量郑刚中，则不难发现，一向以刚正不阿自诩的南宋抗金名将实是有些难副其实，他的刚正更像是“证父攘羊”式的刚正，他抛家舍业奔赴抗金前线，也就等于将自己置于不孝的境地。而从国家的宏观层面来讲，他不计个人生死和毁誉勇赴国难，为的乃是整个国家的保全，

[1] 杨伯峻译注：《论语译注》，中华书局 1980 年版，第 147 页。

只有国家完整了，个人的小家才能完整，个人也才能有尽孝的机会。从这个意义上说，郑刚中又是符合孔子的正直和正义的标准的。总之，郑刚中无论怎样都会陷入一个两难处境，他自己处在悖论的旋涡中早已无法脱身。如此，则怎能不使人旧愁中更添新愁呢？所以饮茶对于郑刚中来说无异于一个反躬自省的过程，而饮茶之前所做的所有准备工作，包括磨茶、择器、烹水等，只不过是这个自省过程的陪衬，茶不再是愁绪的直接意象表达，而是一个用来佐证愁绪深度的有力物证，其作用类似于“借酒消愁愁更愁”中的“酒”。但相比于酒徒对酒的深度依赖，郑刚中于茶则充满排斥，因为茶既是其深沉愁绪的见证者，同时也是加重其愁绪的催化剂。

二、多维茶语中的隐逸品格

茶之为物，不但能深刻表达人类的各种愁绪，而且还能与山林、江湖、泉石、田园、鸣琴、弈棋等一类具有隐逸情怀的意象完美融合，从而深化或适度变革传统一类“无茶”诗歌中的隐逸情怀。唐宋茶诗在这方面都各有其优长，综合统计来看，不管是唐人还是宋人都对隐逸情怀情有独钟，当他们志所不达，往往会选择践行孔子所谓“道不行，乘桴浮于海”[1]的理想追求，甘愿化身栖于山林田园的方外之人，这也是唐宋时期怀有大才的诗僧、诗道层出不穷的原因所在。唐代的皎然、贯休、齐已，宋代的九僧、逍遥子[2]等，即是其中的著名代表。当然，擅长诗歌的僧人、道士的大量涌现，也与唐宋时期的宗教发展，特别是禅宗和内丹学派的兴起、繁荣有

[1] 杨伯峻译注：《论语译注》，中华书局 1980 年版，第 46 页。
[2] 据《唐宋茶诗辑注》，逍遥子，姓名不详，理宗淳祐中住罗浮山之茶庵。见赵方任辑注：《唐宋茶诗辑注》，中国致公出版社 2001 年版，第 926 页。

着密切关系。如此，一般意义上的唐宋文人隐逸情怀，就不只包含孔子“惶惶如丧家犬”一样的消极因素，还有禅宗和道教中加强自我修持和潜心修炼以求拯救自身甚至发扬佛法、道法以拯救苍生的积极意义。如普通文士韩元吉的茶诗《雪中以独钓寒江雪分韵得独字》，此诗自述诗人南渡以来的心境，因遇两宋交替之世变，诗人早已对世事心灰意冷，大有于雪中遁去、饮茶自足的打算，其云:“我贫固无事，尚赋一囊粟。长饥望年登，政恐麦不宿。天公岂相撩，馈以万顷玉。朝来一堪煮，茗碗荐新菊。”[1]此诗与温庭筠《赠隐者》诗中“采茶溪树绿，煮茗石泉清。不问人间事，忘机过此生”[2]之句，可谓有异曲同工之妙。两诗都借茶喻志，表达了一般文人的隐逸情怀，但与已经皈依宗教的知识分子比较起来，这种情怀又稍有不足。在诗僧皎然的《山居示灵澈上人》中云:“晴明路出山初暖，行踏春芜看茗归。……身闲始觉隳名是，心了方知苦行非。外物寂中谁似我，松声草色共忘机。”[3]此诗不但以茶喻出了隐逸情怀，进而又将隐逸上升为宗教情怀，道尽了“不须读经、不必苦修、即心是佛、见性成佛”[4]的禅宗理趣。皎然认为，不但世人皆可成佛，就是“松声草色”亦皆可与我一样忘机成佛，而这一切都是借助于茶的魔力来完成的，所以皎然才会笃定地宣布“俗人多泛酒，谁解助茶香”[5]，其意即谓，茶对于一个僧人来讲，有着十分重要的意义，茶与佛、禅在某种程度上甚至是相通的，解茶与参禅一样能拯救世间万物脱离苦海，并最终达到一种物我统一的博大境界。

最后，在写作手法上还须说明的是，唐宋茶诗都惯用“以小见

---

[1] 北京大学古典文献研究所编纂：《全宋诗》，北京大学出版社 1991 年版，第 23605 页。

[2] 刘学锴撰：《温庭筠全集校注》，中华书局 2007 年版，第 638 页。

[3] [5] 彭定求等编：《全唐诗》，中华书局 1999 年版，第 9266 页、第 9294 页。

[4] 袁宾主编：《禅宗词典》，湖北人民出版社 1994 年版，第 570 页。

大”“由物及人”的方法，将茶与诗人的内心情感和理想志趣紧密结合，以求达到茶与人的高度统一。这种写作手法的娴熟运用，使唐宋茶诗的意象能够互为关联，并使“以茶喻人”显得不再那么突兀，而是自然而然地由衷抒发。所不同的是，在“由物及人”的过程中，唐人和宋人在结合自身所处的时代背景以创作茶诗时往往会有所侧重。唐人历来有煮茶之好，自陆羽才逐渐开始提倡清饮，故而唐人茶诗也经历了一个由“茶与他物的混饮”到只是单纯舀取茶汤的进程，如果说王建《饭僧》中“消气有姜茶”还停留在对茶的懵懂认识上，那么卢仝的“一片新茶破鼻香”则是将茶奉为了最高之饮品，而无须混于他物。而宋人饮茶早已是纯为清饮，所以其茶诗不再纠结于清饮或是混饮，而更加关注到了茶的清流本质。随着宋代书院的兴起，茶更是进入到了书院士子的学习生活当中，与书院中的问学、辩难等活动息息相关，这在唐代茶诗中却是很少涉及的。当然，唐人钱起的“玄谈兼藻思，绿茗代榴花”之句似乎已经间接提到了茶对于玄谈和藻思的促进，这毋宁说也是一种学习，但这种学习完全是不自觉的，与宋代书院中的主动而正规、自觉的学习，在规模及效应上完全不可同日而语，茶在其中所起的作用自然会分殊明显。宋人宋伯仁有《学馆闲题》一诗，为书院中的茶约略勾勒出了一个大致轮廓，其云:“据见定时俱是足，苦思量处便成痴。请君打退闲烦恼，啜粥烹茶细和诗。”[1] 诗中，先是描述了于宋代学馆书院中一个比较常见的画面，学子们苦于每日定时学习功课，已然有成痴的危险；紧接着，全诗突然画风一转，嵌入了啜粥、烹茶、和诗等较为温馨的画面，进而将学馆书院中的功课学习升格为生活审美的学习，所以烹茶与和诗不可偏废，烹茶不是纯粹的休闲娱乐，和诗也不是一味地寻章摘句徒增烦恼，只有将二者有机结合在一起才可以构成一种全新的学习模式，从而有效提升个人的学习

[1] 北京大学古典文献研究所编纂：《全宋诗》，第 38176 页。

体验。关于这一点，苏轼的《试院煎茶》一诗将其表达得更为全面，其曰：

> 蟹眼已过鱼眼生，飕飕欲作松风鸣。蒙茸出磨细珠落，眩转绕瓯飞雪轻。银瓶泻汤夸第二，未识古人煎水意。君不见昔时李生好客手自煎，贵从活火发新泉。又不见今时潞公煎茶学西蜀，定州花瓷琢红玉。我今贫病长苦饥，分无玉碗捧蛾眉。且学公家作茗饮，砖炉石铫行相随。不用撑肠拄腹文字五千卷，但愿一瓯常及睡足日高时。[1]

相比较而言，试院比书院具有更为庄严和正式的一面，因为这里不单是一个学习的场所，还是书院学子们刻苦攻读的最终目的所在，在试院参加考试、求取功名，是每一个学子都梦寐以求的理想和抱负。这方面，即使如苏轼一样的大儒也不能免俗，年轻的苏轼早就是试院考试中的后起之秀了。按理说，在这样的场合应该充满紧张焦虑的情绪和异常激烈的竞争气氛，但苏轼却偏偏反其道而行之，将烹茶啜茗引入试院，足见宋代士子对茶的依赖，他们不但在学习时需要茶来提神醒脑，就是在考试时也要有茶来辅助才思。苏轼的试院煎茶之举，不只表现了茶对于宋人的重要性，同时也与苏轼一贯的诗歌主题和人生思考相关联，此诗最后以苏轼的得茶自足收尾，名义上是对茶之滋味的留恋和回味，其实更道出了他自遭遇贬谪以来的内心反思。他在另一首小词中曾直言道："长恨此生非我有，何时忘却营营。"[2] 由于不合于当朝权贵，苏轼屡遭不平之冤，早已对宦海生涯再无留恋，一心想着"小舟从此逝，江海寄余生"[3]。这与"但愿一瓯常及睡足日高时"并不矛盾，也可

[1] 苏轼著，冯应榴辑注，黄任轲、朱怀春校点：《苏轼诗集合注》，上海古籍出版社 2001 年版，第 346 页。

[2] [3] 邹同庆、王宗堂：《苏轼词编年校注》，中华书局 2002 年版，第 467 页。

以说这就是苏轼“江海寄余生”后的生活情状，茶不但衬托出了苏轼不愿同流合污的为官美德，也是他生活情趣的最高美学追求，此中蕴含着无限的人生哲理，需要去不断发现和深情体味。还需指出的是，苏轼的这种饮茶情怀，与茶的隐逸品格还有着内在的一致性，并且与唐宋诗僧皎然、贯休、齐已、九僧等的共同追求存在一定关联。苏轼茶诗中已能明显见出其融合儒释道思想的痕迹，当政治上的儒家抱负不能实现，苏轼便愤而改变了人生的奋斗目标，转而去努力寻求内心的自洽。直到此时，苏轼才真正认清了自己，也认清了世间本质，并使自己人生层次完成了跨越式的提升。所以，在苏轼茶诗中还体现出一种可以避世但并不消极的人生态度，这种态度与皎然“茶禅一味”中的积极因素也是具有相通之处的。总之，通观苏轼《试院煎茶》全诗，其在用句、用典、表意方面都擅于推陈出新，虽与唐人的诗歌表达方式异趣，但却是典型的由小见大、由物及人的写作手法，只不过是比唐人多出了一个宋代试院的时代背景而已；而其中所体现的人生态度、思想情怀，都与唐代茶诗没有本质的不同，甚至其中还有对唐诗的借鉴、发挥之处。

三、唐宋茶诗的人间情怀

诗歌不但有唐宋风格的分野，还有着不同的解诗路径可供选择。中国诗学领域，自古以来就流传着“诗无达诂”[1]的说法，意即谓，诗歌作为一种文学文本，是没有固定的解诗方法可以达到对诗歌完全正确的解读的。这一方面，是由于诗歌文本本身乃是用极为凝练的语言写作完成的，其语言往往含义隽永，蕴含着可被反复或多重

[1] 语出汉代董仲舒撰《春秋繁露》，见苏与撰，钟哲点校：《春秋繁露义证》，中华书局 1992 年版，第 95 页。

解读的可能。这有点类似于白居易在《与元九书》中所指出的诗歌常常会“兴发于此，而义归于彼”[1]，意思是说诗歌语言富有多义性，诗人的无心之举，常会使得其想表达的意思并未按着原有的设计发展，而变成了另外一种完全陌生的模样；另一方面，人们之所以会对诗歌的理解产生差异，还与读者自身有着非同寻常的关系，一个人的学识、修养、成长经历或者主观意愿都影响着其对诗歌文本细节的理解。据《左传·襄公二十八年》载，春秋时已有人明言“赋诗断章，余取所求焉”[2]，说明早在春秋时期，人们对诗歌的解读经常会因人而异，甚至不乏有断章取义之嫌。孔子也说诗“可以兴，可以观，可以群，可以怨”，其对诗歌解读多样性的认识已颇有见地，清人王夫之更在此基础上总结道：“作者用一致之思，读者各以其情而自得。……人情之游也无涯，而各以其情遇，斯所贵于有诗。”[3]这说明王夫之已经认识到，读者对诗歌的接受是会因其情感变化而变化的，这种多变的诗歌接受行为有时候比之诗歌本身更为重要，因为读者的接受丰富了诗歌的意蕴，并使诗歌终成其为诗歌。

尽管如此，古今学者从来没有停止过对诗歌正解的孜孜以求，至陈寅恪和钱锺书出，遂形成了两种截然不同的解诗方法。陈寅恪以中国传统诗学中的“知人论世”为出发点，有效发挥了清代章学诚“六经皆史”的合理内核，并借鉴了西方历史实证主义的部分观点和科学方法，从而发展出了自己的一套诗学主张，概括起来就是“以诗证史”“以史解诗”“文史互证”的方法。这种方法将诗歌置于具体的历史环境中，注重从繁杂的史料中选择可供解诗的素材，力图还原当事人所面临的特殊情境，确实为我们解读诗歌语言背后

[1] 白居易著，顾学颉校点：《白居易集》，中华书局 1999 年版，第 961 页。

[2] 杨伯峻编著：《春秋左传注》，中华书局 2009 年版，第 245 页。

[3] 王夫之著，戴鸿森笺注：《姜斋诗话笺注》，人民文学出版社 1981 年版，第 4—5 页。

的历史本事和确切内涵提供了一个效果显著的思路。正如陈寅恪在《柳如是别传》书末自作偈语评价其著作乃是“忽庄忽谐，亦文亦史。述事言情，悯生悲死。……痛哭古人，留赠来者”之书[1]，其研究在很大程度上加深了我们将“诗”直接看作“史”的“诗史”印象。但钱锺书却对这种“诗史不分”的观点有所保留，他在《宋诗选注》序文中指出：“‘诗史’的看法是个一偏之见。诗是有血有肉的活东西，史诚然是诗的骨干，然而假如单凭内容是否在史书上信而有征这一点来判断诗歌的价值，那就仿佛要从爱克司光透视里来鉴定图画家和雕刻家所选择的人体美了。……历史考据只扣住表面的迹象，这正是它的克己的美德，要不然它就丧失了谨严，算不得考据，或者变成不安本分、遇事生风的考据，所谓穿凿附会。考订只断定已然，而艺术可以想象当然和测度所以然。”[2]基于这一观点，钱锺书发展出了一种从诗歌语言入手，综合运用文本比较、联想等手段，并结合西方文艺批评的解诗、读诗方法。表面上看，以上两种诗学方法好像水火不容，其实这两种解诗方法正对应于唐宋诗歌的两种不同风格，在解读以意象呈现为主的诗歌时，就不能拘泥于史实，而是要充分发掘诗歌语言本身的美感不断去涵泳和联想；同理，在解读以借古讽今、因事抒情说理的诗歌时，就要沉潜于故纸堆中，先考订史实，再求整体把握诗歌的艺术魅力。

唐宋茶诗的解读亦然。既然，唐宋茶诗已经分别呈现出唐宋诗歌迥然不同的风格特征，那么对其的解读也就要因势利导地运用不同的解诗方法，这样才能够更为深刻地理解茶诗、发现茶诗之美。首先，无论是唐人，还是宋人，都在茶诗意象的营造上有着各自的特点，那么对这类诗歌的解读也就需要考虑其相应特点，除了注重语言特色之外，还要特别注意诗歌整体的审美意趣和特征。唐代大

[1] 陈寅恪著：《陈寅恪集・柳如是别传》，生活・读书・新知三联书店 2001 年版，第 1250 页。

[2] 钱锺书著：《宋诗选注》，生活・读书・新知三联书店 2002 年版，《序》第 3—4 页。

诗人李白曾写过一首非常有名的茶诗，名曰《答族侄僧中孚赠玉泉仙人掌茶》，可谓是古今第一篇咏茗茶诗。与此诗同样有名的，是其中的诗前小序，这篇小序既是语言凝练的美文，堪称无韵之诗，同时也是整篇诗歌的注解，起到了对诗歌意象辅助说明的作用。其文为："余闻荆州玉泉寺近清溪山，山洞往往有乳窟，窟中多玉泉交流。其中有白蝙蝠，大如鸦。按仙经，蝙蝠一名仙鼠，千岁之后，体白如雪，栖则倒悬，盖饮乳水而长生也。其水边处处有茗草罗生，枝叶如碧玉。唯玉泉真公常采而饮之，年八十余岁，颜色如桃李。而此茗清香滑熟，异于他者，所以能还童振枯，扶人寿也。"[1]不必读诗，从这一序文中，已能明显感觉到，此诗应与求仙问道有着莫大关系。诗的起首几联，在很大程度上就是对序文的改写，同时进一步加深了茶与仙人、仙话的联系，并营造出一种朦胧的仙境之美。如其中有句云："常闻玉泉山，山洞多乳窟。仙鼠如白鸦，倒悬清溪月。茗生此中石，玉泉流不歇。"[2]单看这些诗句，会让人觉得此诗就是对一种传说仙境的简单描摹，其中的许多意象都简单明了，也没有运用什么难以理解的典故，好像不具备发掘其微言大义的条件。所以，这样的诗如果是以考据和文史互证的方法来解读，就会陷入无据可考的误区，而无法认识到诗歌的真正内涵所在。但是，若联系诗歌的语言和意象之美的特点，发挥文本比较的解诗之法，则可发现此诗还是有很大的解读空间的。整体来看，此诗运用了大量游仙诗中的意象元素来描写茶，给人一种将茶与游仙主题相结合的感觉，很适合将其与中国诗歌中的一大类游仙题材文本进行比较。晋代郭璞的《游仙诗》就是一个最好的参照物，其诗云："京华游侠窟，山林隐遁栖。朱门何足荣，未若托蓬莱。临源挹清波，陵岗掇丹荑。灵溪可潜盘，安事登云梯。漆园有傲吏，莱氏有逸妻。进则保龙见，

[1] [2] 詹锳主编：《李白全集校注汇释集评》，百花文艺出版社 1996 年版，第 2730 页。

退为触藩羝。高蹈风尘外，长揖谢夷齐。”[3]对比可发现，两诗的语言都有种很强的带入感，一下子就把读者带进了一个充满想象的仙山胜境，玉泉对应灵溪，仙鼠之居对应蓬莱仙境，所不同的是茶在李白的诗中已变成了整个仙境的钟灵毓秀之所在，成为汇聚仙气精华的至宝之物。而这诗中的茶和小序中的玉泉真公正好能和郭璞诗中的漆园傲吏、伯夷、叔齐等一类具有仙风傲骨、品德高尚的人形成一种对应，则茶不但是凝聚仙气的宝物，更是人间高尚品德的代表。它生于仙山，而成就于人间，并最终德配长人，某种程度上茶也就成了诗人李白的自我写照。茶诗的最后一联“朝坐有余兴，长吟播诸天”，不但道出了李白对饮茶的兴致盎然，也给我们描画出了一个活灵活现的潇洒诗人形象，亦可标榜其一生的高蹈风流以及那种“安能摧眉折腰事权贵，使我不得开心颜”[2]的凛然正气和傲骨。

其次，唐宋茶诗中的典故及其所涉及的历史情境，与一般的诗歌比较起来具有相对独立的应用体系，某些典故是只有在茶诗中才会被广泛使用的，需要综合茶诗的整体流传情况才能得出比较符合实际的正确解读。自有茶诗以来，产生了大量茶的别称，据沈括《梦溪笔谈》卷二十四记载：“茶牙，古人谓之雀舌、麦颗，言其至嫩也。今茶之美者，其质素良，而所植之木又美，则新牙一发，便长寸余，其细如针。唯牙长为上品，以其质榦、土力皆有余故也。如雀舌、

[3] 逯钦立辑校：《先秦汉魏晋南北朝诗》，中华书局1983年版，第865页。

[2] 语出李白诗《梦游天姥吟留别》，这是李白另外一首非常有名的游仙诗，其所要表达的主题与《答族侄僧中孚赠玉泉仙人掌茶》一诗极其相似，可互为参照。裴斐在《论李白的游仙诗》一文中指出，李白游仙诗中的游仙访道从个人根源上讲是出于政治失意时逃避现实和排遣苦闷的心理需要，本身是消极的，却具有批判现实的积极意义。同时，在艺术上，李白的游仙诗也呈现出一种气势奔放的诗风，并将自己的鲜明形象熔铸于诗中，进一步表达出游仙的目的不只在逃避现实，而且还可以依靠游仙而达到“兼济天下”“拯救世人”的宏伟目标，这虽然是一种互相矛盾的心绪，但确实是李白游仙诗的共同主题。参见裴斐著《李白十论》，四川人民出版社1981年版，第122—136页。

麦颗者，极下材耳，乃北人不识，误为品题。余山居有《茶论》，《尝茶》诗云：谁把嫩香名雀舌？定知北客示曾尝。不知灵草天然异，一夜风吹一寸长。”[1]可见，人们十分热衷于在诗中以别名称茶，诸如雀舌、云雾、甘露、飞雪、玉华等，这些关于茶的特有名词，起初都是以比喻、拟物或拟人的形式对茶的描写和命名，其意象表达的意涵与一般诗歌是完全不同的，很难想象茶诗中的云雾之意象与一般诗歌中的云雾意象若在同一层面理解会出现什么样的致命错误。比如“薄烟深处搅来匀”[2]“白云满碗花徘徊”[3]等茶诗中的云雾与“月下飞天镜，云生结海楼”[4]两句诗中的云雾就没有什么必然的联系，前者专指茶之精品及其色香味所引人产生的必要联想，并不是真的看到了云雾；后者则言尽于云雾弥漫而导致出现海市蜃楼的视线错觉，乃是身处于云雾之中时才会有的真实感受。当然，在某种程度上，前者还饱含了饮茶人通过饮茶对茶之产地云雾的切身体验，仿佛有一种身临其境的感觉，从而加深其对茶之滋味甚或人生哲理的体会和思考，而后者则不可能从云雾中见到茶之真美，只是就云雾而感知云雾。所以当解读茶语典、事典运用比较多的茶诗时，单纯从语言入手发挥意象联想和文本比较的方法就会不得茶诗要领，甚至还会陷入茶诗理解的误区。为此，解读这一类茶诗，就要先从事实的考据出发，全面考察其写作的时代背景和作者的人生经历及情感变化，同时还要特别留心诗中的议论和说理部分。唯其如此，在解读茶诗时才能够不偏离正确方向，获得较为合理的茶诗正解，宋人王禹偁《茶园十二韵》就是此类茶诗的典型，其诗曰：

---

[1] 沈括著，胡道静校证：《梦溪笔谈校证》，上海古籍出版社 1987 年版，第 778 页。
[2] 彭定求等编：《全唐诗》，中华书局 1999 年版，第 5602 页。
[3] 刘禹锡著，瞿蜕园笺证：《刘禹锡集笺证》，上海古籍出版社 1989 年版，第 773 页。
[4] 詹锳主编：《李白全集校注汇释集评》，百花文艺出版社 1996 年版，第 2222 页。

勤王修岁贡，晚驾过郊原。蔽芾余千本，青葱共一园。芽新撑老叶，土软迸深根。舌小侔黄雀，毛狞摘绿猿。出蒸香更别，入焙火微温。采近桐华节，生无谷雨痕。缄縢防远道，进献趁头番。待破华胥梦，先经阊阖门。汲泉鸣玉甃，开宴压瑶罇。茂育知天意，甄收荷主恩。沃心同直谏，苦口类嘉言。未复金銮召，年年奉至尊。[1]

此诗通篇都以茶诗特有的语言和典故写成，"舌小侔黄雀""生无谷雨痕"等句构思精巧，将茶之形态、气味描摹得栩栩如生。其中，"出蒸香更别，入焙火微温"则写出了宋代制茶的具体过程和方法，堪称写实典范，同时具有茶文化史治学领域里的文献价值；而"汲泉鸣玉甃，开宴压瑶罇"一句更是写出了宋代宫廷举行茶宴的盛况，说明茶在宋室深宫中已经相当普及，同样具有不可替代的茶史文献价值。但是，此诗的意义远不止于此，否则整首诗除了提供茶文化史的研究文献之外，便不再具有任何诗的内涵，于茶诗而言也称不上是精心结撰之作。因此，"沃心同直谏，苦口类嘉言"一句才是全诗的诗旨之所在，此句既是对茶的别称"苦口师"的巧妙化用，且融议论与说理于一体，直接道出了讽喻、进谏才是全诗的真正写作目的。众所周知，王禹偁是北宋名臣，其为人善恶分明、刚正不阿，敢于直陈时弊、犯颜相谏，在诗歌创作领域他更是以擅作讽喻诗而闻名，曾誓言要"兼磨断佞剑，拟树直言旗"[2]。四库馆臣亦评价其著作为"古雅简淡……尤极剀切……英伟可观……不愧一时作手"[3]，可见王禹偁的诗歌往往涉及民生疾苦，以劝谏当权者轻徭薄赋、爱惜民力为根本，很有杜甫"三吏""三别"的诗史风格。而他的茶诗《茶园十二韵》正是这一诗歌风格在茶诗中的具体体现。

[1] 北京大学古典文献研究所编纂:《全宋诗》，北京大学出版社1991年版，第761页。
[2] 北京大学古典文献研究所编纂:《全宋诗》，北京大学出版社1991年版，第658页。
[3] 纪昀、陆锡熊、孙士毅等原著，四库全书研究所整理:《钦定四库全书总目》（整理本），中华书局1997年版，第2035页。

从整体上看，全诗精细描画了宋代采茶、蒸茶、焙茶的全部过程和宫廷茶宴的盛况，而这正是为了告诫当朝者要知晓茶与其他农作物一样，都是劳动者辛苦劳作所得，即使宫廷的高雅茶宴也不能随便浪费一丝一毫。而且，他还进一步劝谏宋家天子要从茶中品出“苦口师”的滋味，明白“良药苦口”“忠言逆耳”的道理，要效仿历史上的有道明君，多为天下苍生着想，力求百姓都能安居乐业，过上幸福美满的生活。

最后，还需要特别指出的是，唐宋茶诗的风格并不是截然分开的，有的时候一首茶诗里就会分别包含唐宋诗歌的两种写作风格，既注重比兴和意象，同时又娴熟运用事典、语典并紧密结合历史情境。这样在解诗的时候，单靠一种方式和方法就无法解出茶诗中隐藏的全部秘密，而必须有机结合意象联想、文本比较和文献考据等几种方法，唯其如此，才能完整把握唐宋茶诗的审美意趣。诗圣杜甫的茶诗《重过何氏五首·之三》便具有上述唐宋诗歌风格相结合的特点，在融入了大量虚实结合的意象之后，又有语典和事典不落痕迹的运用，并最终归结于一个意味深长的议论。可以说，杜甫的这首茶诗不是标准意义上的唐诗，而是唐音宋调的混合物。所以，对其的解读也不应限于一种解诗方法。其诗为：

落日平台上，春风啜茗时。石栏斜点笔，桐叶坐题诗。翡翠鸣衣桁，蜻蜓立钓丝。自今幽兴熟，来往亦无期。[1]

本诗首联即以磅礴大气之笔，从平台远眺而引入春风啜茗，一下子就将饮茶的境界拓展开来。从意象联想方面讲，登高望远是杜诗中极为常见的一类题材，《登高》《野望》《春望》《望岳》等佳作构成了杜诗“眼观八方”的主题群落，塑造了一个善于“观古今

[1] 杜甫著，仇兆鳌注：《杜诗详注》，中华书局1979年版，第169页。

于须臾，抚四海于一瞬”[1]的诗人艺术形象。同时，这一形象也很容易令人联想到孔子“登东山而小鲁，登泰山而小天下”的思想家情怀。对平常人来说，远望是较易忽略的寻常行为，但在文学家和思想家那里却是凝聚诗思、发现哲理的极好机会。而此时，再与饮茶相联系，则小小的茶杯中就不只盛有令人难忘的清香滋味，更有一个诗人或是智者的深度思考。那么，其思考的到底是什么呢？这就需要下一番事实考据的功夫了。杜甫一生横跨大唐王朝由盛而衰的历史时期，屡经战乱，经常一个人漂泊在外，孤独无依。但他无论身在何时、身处何地，始终都葆有一颗拳拳的报国之心，一心想“致君尧舜上，再使风俗淳”。所以，杜甫的诗歌中往往体现出一种沉郁浑厚的格调，很少有潇散自然的一面，当其登高远眺，最先想到的也多是黎民百姓和家国安危。以此反观杜甫的这首茶诗，虽然二、三联中出现了翠鸟、蜻蜓等田园诗常有的意象，但这意象里仍饱含着丝丝苦楚。因为，翠鸟和蜻蜓都太过渺小了，当它们遨游于天地之间，就如同诗人自己面对跌宕起伏的大历史而不知所措，“自今幽兴熟，来往亦无期”这种仿佛终审判决一样的论断便是对这一现象的精准概括。明乎此，也就能明白杜甫在擎茶于手登高远眺时到底看见了什么，他看到的也只能是自己的渺小和人生际遇的无常，还有由己及人的家国之悲和报国无门的无限深思。

四、茶、道、诗的“三位一体”性

唐宋茶诗虽然具有唐宋诗歌风格的种种分野和多重面孔，对其的解读方法也存在考据解诗和比兴解诗的种种异同，但是这些

[1] 陆机著，张少康集释：《文赋集释》，人民文学出版社 2002 年版，第 36 页。

并没有降低唐宋茶诗依然会被列入唐宋诗歌有机组成部分的重要性。究其原因就在于，唐宋之人在诗歌创作时，并没有将创作茶诗和一般诗作的行为截然分开或对立。大多数情况下，茶进入唐宋诗歌领域都是一种自觉或不自觉的创作需要，除与作者本人创作经历息息相关外，也牢牢把握住了时代气息和脉搏，很少有为了写茶而写茶的情况。即使如李白一样专为某一款茶而作诗，其诗也是将茶作为抒发个人情感的依托，茶是全诗的主要意象，而不是主要目的。王禹偁的《茶园十二韵》更是如此，茶涵盖了诸多作者想要表达的内容，也发挥出了其在表达思想、发表议论时的应有作用。这说明，茶在中国语言文字中是一个特殊的字眼，它本身就具有着无可替代的语言魅力，能表达出可以被深度解读抑或是过度解读的诗意。因此，茶一旦在唐宋时期广泛进入诗歌，也就迅速转变为一种时代感很强的诗学语言，直接开拓并促进了唐宋诗歌的“元诗歌”结构[1]。而且，茶作为一种元诗歌语素与唐宋时期另外一些具有“元性质”的词语也发生了深度结合，诸如“道”“无”“真”“禅”“空”“寂”等，这些词语在诗歌中与茶相遇，共同表达出同一种只有人类在面对宇宙、生死等终极问题时才会有的焦虑和对于所有“形而上”问题的无限追问。从这

[1] 当代已故诗人张枣在解读当代诗歌时，首先提出了“元诗歌”的概念。他指出：“当代中国诗歌写作的关键性特征是对语言本体的沉浸，也就是在诗歌的程序中让语言的物质实体获得具体的空间感并将其本身作为富于诗意的质量来确立。如此，在诗歌方法论上就势必出现一种新的自我所指和抒情客观性。对写作本身的觉悟，会导向将抒情动作本身当作主题，而这就会最直接展示诗的诗意性。这就使得诗歌变成了一种‘元诗歌’（metapoetry），或者说‘诗歌的形而上学’，即：诗是关于诗本身的，诗的过程可以读作显露写作者姿态，他的写作焦虑和他的方法论反思与辩解的过程。因而元诗常常首先追问如何能发明一种言说，并用它来打破萦绕人类的宇宙沉寂。”（张枣著：《张枣随笔选》，人民文学出版社2011年版，第174页。）这里是借用这一概念，旨在说明在唐宋茶诗里也存在着一种写作者对于形而上的追问，茶、道、禅等在唐宋茶诗里的并立，即是这一追问的真实体现。

个角度来说，唐宋茶诗虽然面貌不一，但它们无疑都具有其之所以会成为诗歌的本质特征，这最终导致唐宋茶诗在诗歌本质以及茶、诗本体论方面，形成了高度的统一。

众所周知，茶、道关系极为紧密，道在一定程度上还成为茶和诗之间的纽带，形成茶道与诗道两相交合、水乳难分的复杂局面，并促使茶的本质与诗的本质最终指向道的混一。比如，第一个将“茶”与“道”联系在一起的唐代诗僧皎然，就正是借助于诗歌语言完成了由茶而道的顿悟。在《饮茶歌诮崔石使君》一诗中，皎然明确提出了“孰知茶道全尔真，唯有丹丘得如此”[1]的道理。其意即谓，茶道已经成为诗者个人的终极关怀和终极追求所在，而只有少数人才能明了个中真义。不只在此诗中，皎然在他的多首诗作中也都用到了“道”这个字眼，诸如“生成一草木，大道无负荷”[2]“远情偶兹夕，道用增寥敻”[3]“迹隳世上华，心得道中精”[4]等。这些“道”与“茶道全尔真”之“道”都是指处在形而上层面的根本之“道”，它可以是无形的“大道无负荷”，是自然界一切事物赖以存在和变化的基本规律，是宇宙产生乃至寂灭的最终力量；它也可以是有形的，于一草一木、阴阳交替中见出形象，是能够被人们深切感知的客观存在，也是人们心灵深处最无法放下的至臻之物。作为一个文学理论家，皎然不仅用诗歌论述了道和茶道的内在统一性，而且他还在其诗歌理论著作《诗式》中阐释了“诗道”的广泛内涵，其谓：“但见性情，不睹文字，盖诣道之极也。向使此道尊之于儒，则冠六经之首；贵之于道，则居众妙之门；精之于释，则彻空王之奥。”[5]在这里，皎然将诗歌的语言文字本身也作为一种“诣道”法门，其所起的作用与茶类似，只不过茶比之于诗歌的语言文字要形象一些，似乎有实在的物体可寻，但茶甚或诗歌只要成为道

[1]［2］［3］［4］彭定求等编：《全唐诗》，中华书局 1999 年版，第 9260 页、第 9170 页、第 9173 页、第 9172 页。

[5] 皎然著，李壮鹰校注：《诗式校注》，人民文学出版社 2003 年版，第 42 页。

的化身，它们所要表达的就不再是有形的事物而是无形的宇宙本源。所以，要得道，从诗歌入手，就要“但见性情，不睹文字”；同样，从茶入手，就要不必在意茶的细枝末节，而只要从中有所悟即可。如此一来，茶、诗殊途而同归，最终形成了“茶、诗→道”这样一个“悟道”模型，而这个模型在皎然的茶诗中获得了最为充分的体现，其《饮茶歌诮崔石使君》全篇云：

越人遗我剡溪茗，采得金牙爨金鼎。素瓷雪色缥沫香，何似诸仙琼蕊浆。一饮涤昏寐，情来朗爽满天地。再饮清我神，忽如飞雨洒轻尘。三饮便得道，何须苦心破烦恼。此物清高世莫知，世人饮酒多自欺。愁看毕卓瓮间夜，笑向陶潜篱下时。崔侯啜之意不已，狂歌一曲惊人耳。孰知茶道全尔真，唯有丹丘得如此。[1]

这是一首向老朋友倾诉衷肠的肺腑之作，但整首诗所要表达的意涵却远远超出了一般唱酬诗歌的范围。因为，在这一首诗里，不但能读出朋友间的知己情深，还能由个别朋友而引申到普通世人。其中，诗歌的主要叙述者“我”，也不再仅仅是诗歌作者本身，更是相对于普通世人而言的“仙人”在世间的代表，是真正能够接近“道”的人。“我”所做的一切就是代道发声，当“一饮涤昏寐，情来朗爽满天地”时，“我”便从凡人的躯壳中跳脱出来，至“再饮”时，“我”便如“飞雨洒轻尘”一样无影无形了。于是，乃可“三饮”，“我”即得道，与万事万物俱为一体。一方面是怀有意识的“我”开始物化，从而不再受制于人的七情六欲，也不再有困苦和烦恼；另一方面，即使如尘埃一样微小的万物也开始在茶的作用下向“我”的方向发生转变，从而具有意识、具有想要“得道”的向心力。当这一刻终于来临之时，“我”便可以达到“全尔真”的境

[1] 彭定求等编：《全唐诗》，中华书局 1999 年版，第 9260 页。

界，与丹丘仙人不分彼此，而最终这一切都可以归结为“茶道”，归结为“茶、诗→道”这个模型。而且，这个模型还具有很强的通用性，不但诗僧皎然在饮茶时有此体会，唐代另一位有茶中亚圣之称的诗人卢仝也深谙此道，其《走笔谢孟谏议寄新茶》诗亦云：

日高丈五睡正浓，军将打门惊周公。口云谏议送书信，白绢斜封三道印。开缄宛见谏议面，手阅月团三百片。闻道新年入山里，蛰虫惊动春风起。天子须尝阳羡茶，百草不敢先开花。仁风暗结珠蓓蕾，先春抽出黄金芽。摘鲜焙芳旋封裹，至精至好且不奢。至尊之余合王公，何事便到山人家？柴门反关无俗客，纱帽笼头自煎吃。碧云引风吹不断，白花浮光凝碗面。

一碗喉吻润，二碗破孤闷。三碗搜枯肠，惟有文字五千卷。四碗发轻汗，平生不平事，尽向毛孔散。五碗肌骨清，六碗通仙灵。七碗吃不得也，唯觉两腋习习清风生。蓬莱山，在何处？玉川子，乘此清风欲归去。山上群仙司下土，地位清高隔风雨。安得知百万亿苍生命，堕在颠崖受辛苦。便为谏议问苍生，到头还得苏息否。[1]

此诗可约略分为两部分：前一部分描写收到友人赠茶的欣喜和由之而产生的联想，茶长在深山采之不易，则更能衬托出朋友寄茶的一片心意。后一部分是全诗的主旨，大谈“七碗茶”的品饮经历，可谓与皎然的“三饮”有异曲同工之妙。其中，卢仝所言的“喉吻润”“破孤闷”“搜枯肠”与皎然的“涤昏寐”处在同一个层面，讲的是得道之前身体与茶接触后的反应；而“发轻汗”“肌骨清”则与“清我神”相对而言，专指茶直指人心并能参与到人的精神活动中的特性，从茶进入人心那一刻起，茶和人就开始慢慢结合，直到合为一体。于是，茶和人的结合体会迅速发展到“通仙灵”“清风生”

[1] 彭定求等编：《全唐诗》，中华书局 1999 年版，第 4379 页。

的阶段，这便是“得道”的外在表现。所以，在某种程度上，卢仝“七碗茶”诗是对皎然“三饮”的细化，起到了对“三饮得道”补充说明的作用。更为重要的是，此诗的最后还道出了“得道”的终极意义所在，一人“得道”并不是真正的“得道”，而只有在个人“得道”的进程中，进一步去追问天下苍生的命运，进一步触及生命的本体，这样才能真正发挥“道”的功效，不但拯救个人于烦闷苦痛，更能拯救世人于世事网罗。

五、“茶禅一味”的诗歌表达

与道相较，茶与禅同样具有血浓于水的血脉联系，“茶禅一味”之说在唐宋时期的盛行就是这一关系的最有力证明。僧人饮茶起源甚早，见著于文字的记录在案者最早可追溯到晋代。《晋书·艺术传》中，有一个名为单道开的敦煌人曾在后赵都城邺城（今河北临漳）昭德寺修行，除“日服镇守药”外，“时复饮茶苏一二升而已”[1]。此后，僧人就与茶结下了不解之缘，并在唐宋时期广泛流行于世。进而，茶还成为身处山林寺庙中的僧人的最爱，伴随着他们青灯古佛禅林生活的始终。据唐代封演所著《封氏闻见记》记载：“开元中，泰山灵岩寺有降魔禅师大兴禅教，学禅，务于不寐，又不夕食，皆许其饮茶。人自怀挟，到处煮饮，从此转相仿效，遂成风俗。”[2]这些史料说明，僧人饮茶的行为实际上带动了世俗之人的饮茶风俗，对茶在社会上的传播起到了推波助澜的作用。僧人可以说是茶的早期知音群体，而且他们的清修与生活都有茶相伴左右。在这种长时间的与茶相处中，僧人们必然会对茶的特性了如指掌，且更能从中

[1] 房玄龄等撰：《晋书》，中华书局 1974 年版，第 2492 页。
[2] 封演撰，赵贞信校注：《封氏闻见记校注》，中华书局 2005 年版，第 51 页。

体味出茶的真味。不止于此，唐宋僧人与茶的密切关系还体现在，他们常常会借助于身边的茶而进行参禅的实践。许多得道高僧甚至会以茶为喻，面向众弟子讲出他们参禅时的种种感悟，这些感悟被记录下来就形成了为数众多的“参禅”“悟茶”偈语，著名的“吃茶去”偈语即是其中一例。唐代高僧从谂禅师曾向一新人讲解佛法，其对话被完整保留在了宋普济和尚所著的《五灯会元》卷四里，其文为：

师问新到：“曾到此间么？”曰：“曾到。”师曰：“吃茶去。”又问僧，僧曰：“不曾到。”师曰：“吃茶去。”后院主问曰：“为甚么曾到也云吃茶去，不曾到也云吃茶去？”师召院主，主应喏。师曰：“吃茶去。”[1]

“吃茶去”的典故即源于此，这三个字虽然简单明了，却暗藏禅机，其丰富意蕴与佛家“见山是山，见水是水；见山不是山，见水不是水；见山只是山，见水只是水”[2]的三重境界说可以互为表里，形象地说明了参禅悟道的三个阶段。但是，茶在其中所起到的作用与看到的山水还是不尽相同的。在“吃茶去”的譬喻中，是以僧人较为低级的日常生活而比之于僧人较为高级的思考行为，茶在其中充当连接二者的桥梁，自始至终都与僧人密不可分。而在“见山见水”的譬喻里，山水只不过充当看见的对象，是被动地存在于思考者意识里的外物，不似茶一样已经进入了思考者自身，有着与思考行为本身同等重要的地位。

[1] 普济著，苏渊雷点校：《五灯会元》，中华书局 1994 年版，第 204 页。

[2] 青原惟信禅师语，其曰：“老僧三十年前未参禅时，见山是山，见水是水。及至后来，亲见知识，有个入处，见山不是山，见水不是水。而今得个休歇处，依前见山只是山，见水只是水。大众，这三般见解，是同是别？有人缁素得出，许汝亲见老僧。”见普济著，苏渊雷点校：《五灯会元》，第 1135 页。

如果说从谂禅师的一句“吃茶去”偈语还是无韵之诗，在禅、茶、诗的内在联系上表现得还不够典型的话，那么另外一些德高望重的禅师所作的诸多诗体偈语则将茶诗中的禅机表达得淋漓尽致，组成了唐宋茶诗整体中的一个蔚为壮观的诗歌群落。皎然的《九日与陆处士羽饮茶》一诗虽无偈语之名，却有诗体偈语之实，其中的“俗人多泛酒，谁解助茶香”[1]句既是清词丽句的诗篇，也是蕴含禅机锋芒的偈语。正因为如此，这首茶诗偈语才可以在短小的篇幅里，纳入无限理趣，以一种禅师惯用的反问句式和略带苛责的语气将茶与禅了无痕迹地结合在一起，以此说明茶香与禅在除却物质层面的分殊有别后，便可在“形而上”的层面达到高度统一。其后，唐宋时期许多高僧大德的诗体偈语都是沿着这样一个思路，通过以茶为喻的方式来阐释佛法和启发后学的。例如，释祖先有《偈颂四十二首》，其中有句云：“一夏九十日，今朝喜圆满。拈得翚县茶瓶，摵碎饶州瓷碗。冷笑布袋，平欺懒瓒。”[2]释普岩有《偈颂二十五首》，其中有句云：“故我开山伏虎禅师，指柳骂杨，伤龟恕鳖，你死我活。莫说一碗粗茶一炷香，也胜和盲诉瞎。”[2]释妙伦有《偈颂八十五首》，其中有句云：“落赖家风彼此知，粗茶淡饭暂相依。……赵州吃茶，太煞客气。老大隋更是没巴鼻，僧问佛法的意，却道山前麦熟也未。”[3]释可湘有《偈颂一百零九首》，其中有句云：“只如道直至如今更不疑，遇饭吃饭，遇茶吃茶。……问讯时，揖茶处，总为诸人开活路。”[4]释子益有《偈颂七十六首》，其中有句云：“秋江清，秋月白。登高双眼空，独步乾坤窄。只手未曾举，黄菊已盈握。好彩从来奔齀家，随分一盏茱萸茶。”[5]上述这些以佛家偈语形式写成的茶诗，只是唐宋僧人所作茶诗的一部分，还有更多的诗僧写出了更多更为优秀的茶诗。从

[1] 彭定求等编：《全唐诗》，中华书局 1999 年版，第 9213 页。

[2] [2] [3] [4] [5] 北京大学古典文献研究所编纂：《全宋诗》，北京大学出版社 1991 年版，第 29020 页、第 32102 页、第 38896 页、第 39301 页、第 39343 页。

总体上看，这些僧人的茶诗都有一个共同特点，那就是茶诗的最后都指向了僧人的信仰和追求。僧人们写茶的动机只有一个，就是“问讯时，揖茶处，总为诸人开活路”。所以，他们从来不会在意“粗茶淡饭暂相依”的清苦生活，而是会越加虔诚地礼拜佛祖、弘扬佛法，不论是“一碗粗茶一炷香”的循规蹈矩也好，还是“随分一盏茱萸茶”的闲散自然也罢，都道出了僧人们超脱于物质生活之外的纯精神领域理想。在僧人们的眼睛里，茶的平凡无奇正好成就了它的伟大，这就如佛法的至高境界“禅”一样，越是佛法精深就越是润物无声，越是能够在无声无息中给人以加持、度人于水火。于是，善于写诗的僧人也无异于掌握文柄的一般文士，“文人的禅悦风尚与僧人的诗悦崇尚在共同的品茗习尚中寻到了交接点，诗客、僧家以茶为轴心，构成了三位一体，即茶禅一味，禅诗一味，诗茶一味”[1]。

总而言之，无论茶诗的基本面貌里呈现出多少种风格，无论唐宋茶诗由于风格的差异而表现出多少种意象运用和写作手法的不同，甚至可以以此为标准细分出多少种诗歌体式的不同[2]，无论解诗的路径是怎样殊途同归而又界限分明，茶都会借助于其深藏在语言文字中的“形而上”深意，而与唐宋诗人的理想信仰发生关联，从而推动着茶诗由“变化多端”而向着“万变不离其宗”转变。而且，这种转变不是刻意安排的，而是诗人自觉或不自觉地自主选择。对于有着远大抱负的诗人来说，如始终怀有经济天下志向的李白、杜甫等人，茶是他们在这个世界上发现的可以赋予非常情感的事物，茶香不同于酒香的令人麻醉，而是能够让人更加清醒地思考。而一

[1] 赵睿才、张忠纲：《中晚唐茶、诗关系发微》，《文史哲》2003 年第 4 期。

[2] 沈文凡、潘玉环指出：“唐代茶诗创作呈繁荣之态，不仅茶诗数量增多，茶诗题材更为广泛，更重要的是茶诗体式逐渐成熟与完备。以时而论，有盛唐体茶诗、大历体茶诗、元和体茶诗、长庆体茶诗等；以人而论，有皎然体茶诗、白乐天体茶诗、卢仝体茶诗、杜牧之体茶诗、齐己体茶诗等；以体裁而论，有古体茶诗、近体茶诗和杂体茶诗。”见沈文凡、潘玉环：《唐代茶诗体式述略》，《文艺评论》2014 年第 4 期。

旦形成思考，不管是出家人如皎然、释祖先者流，还是身在俗世如郑刚中、王禹偁等，他们都会以一种哲学本体的追问去寻茶问道，并将这些最终以诗意的方式表达出来，形成耐人寻味的茶诗理趣和茶道精魂。从这个角度来说，唐宋茶诗不但是中国古代茶文化的重要载体，也是诗歌中的精金美玉，需要用诗歌的方式，而不只是文化求证的方式对其进行更为深入的解码和还原。同时，茶道、茶禅乃至最终的“大道”也会在对茶诗的深入剖析中体现出来，而为人更为全面地理解、更为深刻地接受。

第三章

茶道的『美文』属性及其思想内涵

赋和散文是只有在中国文学体系内才会被区分的两种文体，但是，尽管二者之间存在着种种写作方式或是语言风格上的不同，我们仍旧不可否认，二者之间的联系其实远大于区别。“赋”字在先秦古籍中始见于《国语》和《左传》，如《左传》中家喻户晓的一篇文章《郑伯克段于鄢》（隐公元年）就有“公入而赋：‘大隧之中，其乐也融融！’姜出而赋：‘大隧之外，其乐也洩洩！’”的记载。同篇文章内，隐公三年又有“（庄姜）美而无子，卫人所为赋《硕人》也”的说法。这基本上代表了“赋”字的两种最主要用法，其义一为造篇，也就是诗歌创作；另一为诵古，也就是诵古诗（主要指《诗经》内的篇章）之义。可见，赋之产生，最开始与《诗经》的风雅传统确实有着非常紧密的联系。两汉时期，雅好楚声的士人更将屈原所开创的《楚辞》文体特征和写作手法融入其中，并结合荀子《赋篇》里所提供的篇章结构和写作范式，继续深入改造传统四言诗，使得传统诗歌体式逐渐趋向散文化。于是，“赋”在两汉人手里逐渐定型为一种新的文体。可见，赋之文体的诞生，既有着其诗歌的源头，又深受诸子散文乃至史传文学的影响，从汉大赋到魏晋抒情小赋再到明清小品文，从“赋”体的这一演变轨迹中明显可以看出，越到后期，其所受古代散文的影响就越大。

基于此，郭预衡干脆在其撰写的《中国散文史》一书中，直接将“赋”当作散文的一种类型而加以论述[1]。此书中还探讨了“文

[1] 事实上，不只郭预衡一家持有此类观点。据目前所知的几本研究中国散文史的著作来看，相当大的一部分学者都将赋直接划入了散文的范畴。赋作为一类较为特殊的散文文体，其与史传、诸子、记、铭、箴、表等一类散文文体，从根本上都起源于汉字初创时期的“记事”和“记言”传统。参见郭预衡著：《中国散文史》，上海古籍出版社 2000 年版；陈柱：《中国散文史》，凤凰出版集团・江苏文艺出版社 2008 年版；陈平原：《中国散文小说史》，北京大学出版社 2010 年版。

体之赋”和“赋体之文”的内在同一性，言下之意即在表明，赋和文的界限在今天的研究者看来已经不甚了了。尤其是“散文”一词，其本身还有广义和狭义之分，就广义说，散文是对韵文（主要指诗歌）而言的一种文体。就其狭义说，则指包括在散文这一文体中的、与骈体文相对而言的散体文[1]。因此，在大多数情况下，表面上以骈体文字为特征的赋，其实就是散文中的一种。而散文所包含的范围甚广，除“赋”之外，散文中还包含史传、诸子、记、铭、箴、表等若干类文体。在这些文体中，有的与赋一样具有骈体文的特征，需要严格遵循对仗、骈偶等汉语特有的修辞法则；有的则不事雕琢，不以对仗、骈偶等修辞方法为基本手段行文。以此观之，赋于散文诸体之中，并不具有某种特殊的地位，其写作手法亦不曾迥异于一般性散文而独立存在[2]。

同理，茶赋和茶散文也不是可以被截然分开的两种完全不同的茶道或茶文化载体，而是充满了内在的普遍联系。作为抒写茶道和茶文化的一种尝试，不同的作者之所以会选择《××赋》或《××文》《××记》为篇名，也只不过是出于遣词造句和谋篇布局的文章写作需要，而不是已然明确划定了“茶赋”与“茶散文”之间不可逾越的范畴界限。自汉魏以降，历代文人墨客对茶赋和茶散文的态度都是兼收并蓄的，他们假以天纵之才，灵活运用汉语语言的特点和修辞手法，终将一篇篇文辞优美又情感丰富、思想深刻的涉茶文章呈现在我们面前，以今天的文学观点视之，我们可以将其统称为茶之“美文”。“美文”又称“美术文”“艺术散文”，是自“五四”

[1] 吴小如：《古典诗文述略》，北京出版社2016年版，第110页。

[2] 郭建勋指出，骈文“更多地指向一种语言艺术的运用方式，其体类含义非常清淡，因此不会与骚、赋、表、启等文体构成一种纯粹的并列关系，而往往是互容交叉”的关系。赋与散文的关系恰与此类似，它们之间既是一种包含和被包含的关系，也是一种交叉互容的关系。所以，我们在这里不再过多地强调赋与散文的差异性，而是着重突出二者之间的同一性。参见郭建勋著：《先唐辞赋研究》，人民出版社2004年版，第176页。

文学革命之后才逐渐兴起的一种文学样式，其主要特点是以散文方式成文，兼有叙事和抒情并较为注重文章的情采、修辞和艺术性表达。同时，美文之美不只美在语言形式，有些学术美文更具有较高的思想性、批判性和理论深度。美文还是一种理念，代表着一种无功利的、纯净的、更高境界的文学和人生追求，而这并不是现代人的独创，相类似的古典文章形式和理念古已有之[1]。以此反观古之茶赋和茶散文，其特点正与今之美文宛如孪生、若合符契。首先，从整体上看，相较于古代史传或是章回小说而言，此类文章的篇幅都不是很长，叙事通常服务于抒情，铺陈体物通常都是作者内心最为真实的写照；其次，相较于诗歌而言，此类文章虽有其外在形式的包裹，比如骈体文的“骈四俪六”行文定式，但并不像中国传统诗歌那样局限于四言、五言、七言体式，有字数、格律的严格规定。总而言之，可统称为茶之“美文”的茶赋、茶散文是介于茶诗和茶小说之间的一种文体，因其体裁较为自由、灵活、轻盈，所以其要表现的内容也是灵活多变的。另外，还有一些茶文于轻盈多变中更显出一种深刻。有学者指出：散文中，喝茶这一日常行为，在文学家笔下，不再是单纯意义的生活行为，而是具有了精神层面的价值和意义。他们称之为“品茶”，“品”正是散文家追求的妙境，妙在恬淡自然，妙在自然超脱，妙在神韵天成，妙在我思故我在。从文体学的角度看，散文最少束缚限碍，天马行空，信手拈来，舒卷自如，自由自在。散文最能无拘无束地吐露心声，纵横驰骋，自在、放松是散文写作的最佳状态。在精神内涵的表达上，散文最自我，最率性。它的自由随性，有形无形，与茶水的透澈清明，随物赋形，

[1] 相关论述可参见裴春芳：《美文·美术文概念的兴起》，《清华大学学报（哲学社会科学版）》2015 年第 4 期；权雅宁：《美文与中国文论的情采诉求》，《湖南科技大学学报（社会科学版）》2011 年第 6 期；解志熙：《美文的兴起与偏至——从纯文学化到唯美化》，《文学评论》1997 年第 5 期。

异曲同工。对文人而言，品茶即为品味生活，品评人生[1]。

特别是，随着茶道内涵及茶文化特性在历朝历代的不断演绎和发展，茶赋和茶散文的写作，往往表现为能够紧跟茶道、茶文化发展变化的时代潮流，并且与其他有关茶的文学形式一起，共同塑造出了历史上各个不同时期里都既有继承又别具一格的茶文、茶事审美境界[2]。虽然，茶赋、茶散文在数量上远不及茶诗的名目繁多，在篇幅上也无法企及茶小说之连篇累牍的翔实描写，但是，仅就其作为文人士大夫创作的一种重要形式而言，茶赋和茶散文同样饱含着古之文人士大夫们对于茶荈的钟爱，亦不无有效地传达出了其中隐含的士人趣味、文人幽情以及因茶而生发出的关于生命、时间和存在的哲学体验与深切感悟。

一、茶赋在铺张扬厉后的深情

两汉时期，专门以茶为主题的赋和散文还没有产生，甚至茶在这一时期还找不到一个固定的称谓，这就为“茶”之进入文人视野或纳入文学创作当中设置了一道天然屏障。但是，对于此一时期的辞赋大家如司马相如、扬雄、王褒等人来说，这种文字屏障就显得微不足道了。因为，创作汉赋之前，扫清文字障碍是每个辞赋家都必须做好的功课，这也是刘勰所谓“赋者，铺也，铺采摛文，体物写志也”[3]的必然要求。关于这一点，清代刘熙载亦谓“赋起于情事杂沓，诗不能驭，故为赋以铺陈之。斯于千态万状，层见迭出者，

[1] 庄若江:《凝神于内　赋形于外——论“茶文化”与国体“散文”之关系》，《南京师范大学文学院学报》2009 年第 1 期。

[2] 比如汉魏六朝的茶文与《茶经》就存在着一定的继承关系，其审美基因也存在某种相似。参见姜怡、姜欣:《汉魏六朝茶文在〈茶经〉中的模因复制与文化传承》，《农业考古》2016 年第 2 期。

[3] 刘勰著，范文澜注:《文心雕龙注》，人民文学出版社 1962 年版，第 134 页。

吐也不畅，畅或无竭”[1]，现代学者据此认为“赋”的最大特点就是“铺陈”，就是“以叙述与罗列两种描写手法来网络时空”[2]。出于汉大赋的这种特殊写作需要，无论是司马相如，抑或扬雄、王褒，他们都无一例外擅长气势宏大的铺排、语言丰满的扇对（即将汉语对偶的修辞发挥到极致的一种文章写作手法，其特点是将文章中对偶的语句无限复制，甚至频繁出现隔句对，排列有如扇形）[3]，以及事无巨细的白描等修辞方法，通过对不同事物极尽细致的描摹，他们几乎将当时所能知晓的汉字都运用在了辞赋的创作上，从而形成了一种既绵密绚烂、富丽堂皇，又露才扬己、铺张扬厉的文学写作风格[4]，而茶的意象就在这种文学审美中若隐若现。

汉代辞赋家对文字的熟悉程度，首先体现在他们创作的篇幅上，从贾谊《鵩鸟赋》开始，赋的体量变得越来越大，逐渐由几百字迅速膨胀为几千上万字；其次，还体现在他们对生僻字的掌握上，包括荈、诧等一类专门代指茶的生僻字在内，他们已能熟练运用。一个显著的例证是，在司马相如的《凡将篇》中就出现了“荈诧”一词。据《汉书·艺文志》记载：“武帝时，司马相如作《凡将篇》，无复字。”[5]由此可知，《凡将篇》乃是司马相如专门为初学文字之人写的一部字书，也就是我们通常所谓的字典。而作为西汉时期的一部应用书籍，《凡将篇》除了有助人识字的一般字典功能外，还带有显明的西汉文体特征。纵观今存《凡将篇》残篇可以发现，其写作虽然只是对不同文字的简单罗列，但也基本上遵循了汉大赋的一般体式，有着赋体文章的形式，既讲究铺排，又颇注意叶韵，大体上可以看作一篇汉大赋的简易习作。这是因为，汉大赋是汉代

[1] 刘熙载撰：《艺概》，上海古籍出版社 1978 年版，第 86 页。

[2] 参见曹明纲：《赋学概论》，上海古籍出版社 1998 年版，第 388 页。

[3] 参见朱刚：《从修辞到体制：扇对与八股文》，《南京大学学报（哲学·人文科学·社会科学版）》2015 年第 5 期。

[4] 参见龚克昌：《汉赋的铺张扬厉》，《文史知识》1988 年第 12 期。

[5] 班固著，颜师古注：《汉书·艺文志》，中华书局 1962 年版，第 1721 页。

士人最为熟悉的一种文体，在他们的日常写作当中，都会自觉或不自觉地运用汉大赋的句式和修辞方法。同时，汉赋的读者出于日常阅读养成的一种体味文字妙处的惯性，也会自然而然地选择阅读赋体文章，而排斥其他文学体裁，从而也就客观上形成了汉代士人热衷于写作大赋的局面。正如弗勒在其文学理论研究专著《文学的类型》中所指出的那样："文体从来都不会均衡地，更不用说全面地，出现在一个时代里。每一个时代只有一小部分体裁会得到读者和批评家的热烈回应，……或许可以说，所有时代里都存在所有体裁，它们隐约地体现于各种离奇怪诞的特例中……但活跃的文学体裁总是少数，并遭受各种程度的增删。"[1]正是因为《凡将篇》具有无法回避的赋体特征，所以"荈诧"在其中的出现，便不能只是简单地视为单纯文字的罗列，而很有可能涉及赋体文章的创作需要，势必使天才如司马相如者也要为此殚精竭虑、苦心经营，虽不至于像张衡写作《二京赋》一样"精思附会，十年乃成"[2]，但也必然是作者精心结撰的成果，同样是具有一定的文学和文化深意存在其中的。首先，一部教人认字的普及性字典中出现"荈诧"，说明茶在当时已经相当普及，茶肯定是人们日常所能见到的东西之一，而茶所代表的日常生活也自有其符合当时审美需要的存在价值。其次，赋体文章"骈四俪六"的写作规范，也第一次将茶用文学的完美形式进行了抒写，虽然这种抒写还没有涉及对茶之本质的生命体悟，但也基本上具备了一种文学语言上的形式之美，如其言"乌啄桔梗芫华，款冬贝母木蘖蒌，芩草芍药桂漏芦，蜚廉雚菌荈诧，白敛白芷菖蒲，芒消莞椒茱萸"[3]，就是借助于汉语语言天然带有的声

[1] 转引自［美］哈罗德·布鲁姆著，江宁康译：《西方正典》，译林出版社 2015 年版，第 18 页。

[2] 语出《后汉书·张衡传》，见范晔撰，李贤等注：《后汉书》，中华书局 2012 年版，第 1517 页。

[3] 严可均辑：《全上古三代秦汉三国六朝文》，中华书局 1958 年版，第 249 页。

音和节奏美感，将“荈诧”巧妙地镶嵌在了一众植物和药草的名词之间，而其中又多有香草之名，而无屈原所谓恶草的比附，亦约略可以见出茶的香草本性，从而为此后文人词客不厌其烦地咏叹埋下了伏笔[1]。如果再联系司马相如在其代表作《子虚赋》《上林赋》中所展现出的那种对自诸侯而至天子的游猎场面一浪高过一浪的渲染手法，以及其中所透露出的那种西汉文人士大夫的“无所不至其极”“无以加”的大国心态，那种由内而外散发出的恢弘博大、绚烂以极的审美喜好或偏执[2]，那么，司马相如之“荈诧”联属的用意中，似乎还包含着一种递进的美学关系，反映出了他对美的极致限度的异乎常人的洞悉。一方面，将“荈诧”归入香草行列，说明司马相如对“荈诧”之美给予了充分肯定；另一方面，这一肯定还与其铺张扬厉的写作方式、崇尚宏大之美的心理诉求，以及西汉士人由于国力强盛、国土广博而在内心油然而生的那种与大国心态交相辉映的彪悍作风、时代强音、磅礴气势、博大胸怀和豪迈之情息息相关，而这恰恰成就了司马相如“荈诧”连用的感情基调，体现出了在对待“茶”的问题上，其铺张扬厉文风背后的“深情”投入。纵然，司马相如对茶的这份“美意”，只是无意识地寥寥一笔带过，但这种以铺张扬厉、万丈豪情为基调的茶之审美对茶圣陆羽来说似乎已经足够，所以他才会对此足够重视，并将这句作为关于茶之记

[1] 司马相如对于香草的癖好还体现在他的《子虚赋》《上林赋》等作品中，其中“其东则有蕙圃，衡兰芷若，芎藭昌蒲，江离蘪芜，诸柘巴且”等句罗列香草名称的写作方式，与《凡将篇》“荈诧”几句如出一辙，这表明司马相如写作《凡将篇》时，也深深受到了其写作汉大赋思维或是方式的影响。参见费振刚、仇仲谦、刘南平校注：《全汉赋校注》，广东教育出版社2005年版，第70页。

[2] 龚克昌指出，汉赋的写作手法不是凭空产生的，而是适应大汉帝国的需要的一种表现。辽阔、先进、繁荣、富强的社会现实给赋家们提供了无穷无尽的创作源泉，同时激起他们强烈的创作兴趣，这是历史进步的见证，是文学艺术进一步发展的象征。参见龚克昌著：《汉赋研究》，山东文艺出版社1990年版，第331页。

载的一条重要史料，在《茶经·七之事》篇加以重点标明[1]。

司马相如之后，西汉另一位影响重大的辞赋家王褒对茶的记载和描写尤其重要。颇值得研究的是，无论司马相如，还是王褒，他们都是西蜀之人。据《华阳国志》记载，“武王既克殷，以其宗姬封于巴，爵之以子……其地东至鱼复，西至僰道，北接汉中，南极黔涪。土植五谷。牲具六畜。桑、蚕、麻、丝，鱼、盐、铜、铁，丹、漆、茶、蜜，灵龟、巨犀，山鸡、白雉，黄润、鲜粉，皆纳贡之”[2]，说明早在武王伐纣的西周初期，茶就已经在西蜀地区广泛种植，并已经作为贡品渐次输入中原。而俱为西蜀之人的司马相如和王褒，他们居然在各自文章中都不约而同提到了茶，此一情况的出现，当不只是出于偶然，而是从一个侧面反映出茶在西蜀地区流行早已蔚然成风，二人之对茶是如此熟悉和喜爱以至甚嗜此道便成为情理之中的事了。在王褒的赋体散文《僮约》中，有两处特别重要的地方提到了茶。其一言“筑肉臛芋，脍鱼炰鳖，烹茶尽具，已而盖藏”[3]，这里的“烹茶尽具”并不是我们通常所理解的泡茶行为，其中的“尽具”之“具”，当然也不是我们今天所理解的专门用来泡茶的“茶具”。茶圣陆羽曾在《茶经》中分别论述了“茶之具”和“茶之器”，其中的“茶之具”当指茶的生产工具[4]，而“茶之器”的概念则更加接近于我们今天对饮茶器具的界定[5]。因此，王褒时代的“烹茶尽具”，也就自然不是饮茶之时对茶具需要精挑细选的意思，而多半是指在对茶进行生产加工的过程中会颇耗费工具和人力的一时境况。而且，茶在王褒的时代，大多数情况下并不是拿来品饮的，而是用于辅助制作、烹饪美食。甚至，茶有可能在那时还充当着一

[1] 参见吴觉农主编：《茶经述评》，中国农业出版社 2005 年版，第 198 页。

[2] 常璩著，任乃强校注：《华阳国志校补图注》，上海古籍出版社 1987 年版，第 4—5 页。

[3] 严可均辑：《全上古三代秦汉三国六朝文》，中华书局 1958 年版，第 359 页。

[4] [5] 参见吴觉农主编：《茶经述评》，中国农业出版社 2005 年版，第 49 页、第 113 页。

道美味菜肴的角色，而成为人们对于美食极致追求过程中的一段生动写照。这说明，茶的美味在汉代是有着多方面体现的：一方面，茶的天然的香气不断冲击着人们的嗅觉，吸引人们不断向茶投去别样的眼光；另一方面，茶的滋味和形象也有着特殊的外在表现形式，终使茶成为色、香、味俱全的不二珍馐之选。同时，人们对于“烹茶尽具”的提倡，也充分说明了即使是作为蔬菜加工的重要原料之一，茶之真味的得来都不是轻而易举、一蹴而就的，而是需要一套起码的仪式和规范。至于烹饪茶的一系列仪轨究竟在多大程度上改进了茶之滋味、影响了人们在今天品饮香茶时的礼仪诉求，则不是凭借三言两语就能够说清楚的，还有待于重要的考古发现提供新的证据。其二，在王褒的《僮约》中，还提到了“归都担枲，转出旁蹉。牵犬贩鹅，武阳买茶”[1]。这几句话，也足以证明茶在当时的西蜀地区已经非常流行，甚至出现了专门买卖茶品的市场或是聚集地。而“牵犬贩鹅”之徒，也能走到市场上随意买茶，一方面说明，茶从一开始就具有很强的平民性，是适用于所有百姓日常生活的寻常之物；另一方面还可印证，茶毕竟不同于犬、鹅，它并非人们赖以生存保命的充饥果腹之物，而是代表了人们对于精致生活的一种更高追求，无论是将茶作为佐餐之物，还是直接将茶作为一道主菜或羹汤首选，都表明人们已经不再满足于“酸甜苦辣咸”之寻常五味，而是要着重发掘五味之外的“鲜”之至味，茶恰恰成为这一至味的最佳代表。与此同时，《僮约》整篇所显露出的那种诙谐幽默的文风和小巧精致的布局，更将世俗情怀与高雅情调融为一体[2]，并将茶带进了一个乐感十足的全新世界，启示着人们在平凡之中仍有大美的存在。因此，即使是寻常人家也可以在茶的帮助下将日常生活审美化，这就是茶在汉代社会所起到的重要作用。正因为有了茶，

[1] 严可均辑：《全上古三代秦汉三国六朝文》，中华书局 1958 年版，第 359 页。

[2] 参见徐可超：《表现世俗内容的〈僮约〉与作为宫廷作家的王褒》，《辽宁大学学报（哲学社会科学版）》2006 年第 2 期。

汉代文人及百姓的生活才有了审美意趣的形象表达。从此出发，我们也就能够理解，扬雄为什么会在《蜀都赋》中对茶有那么一段凄美至极的描写，“百华投春，隆隐芬芳，蔓茗荧郁，翠紫青黄，丽靡螭烛，若挥锦布绣，望芒兮无幅”[1]，短短几句之中，茶树已然和百花一样成为点缀春天的风景，进而成为一种纯粹的审美观照，而越加与人类的精神世界相呼应。也正是从此时开始，汉赋的铺张扬厉中逐渐被一股由内而外的深情充满。这种深情来源于人类内心的最深处，正如扬雄自己在《法言·问神》中所指出的那样，“故言，心声也；书，心画也”[2]，因此扬雄笔下的“蔓茗荧郁”之美文词句，正是他内心对于艺术纯美追求的真实写照。而春天的茶对扬雄究竟意味着什么，难道只是蜀都物产丰富的一种陪衬吗？据考证，《蜀都赋》当作于扬雄早年专事模仿司马相如作品的时期，其对司马相如辞赋的亦步亦趋，不只能反映出他对司马赋之大宏大美学的欣赏，更反映出他创作中渴望超越前人的一种“影响的焦虑”。然而，相较于司马相如时代的自信、豪迈、阔达，扬雄的时代已经悄然发生了变化。扬雄生活的时代，“贤才不遇”的思想已将文人笼罩在宿命论的阴影之下，如与扬雄大致同时的桓谭就有“贾谊以才逐，而晁错以智死”之叹[3]。可以说，创作的焦虑和悲观的人生哲学深深影响着扬雄此一时期的作品形态，所以，他笔下的茶看起来虽然依旧绚烂，但其中却笼罩着一层曲折幽深难以言说的情绪，带有一种宏大叙事下的凄美精神内核。

魏晋时期，随着人们对于茶之本性的进一步认识，茶逐渐由药物、食物向着主要担当饮品角色的方向发展，这也直接促成了茶文、

[1] 费振刚、仇仲谦、刘南平校注：《全汉赋校注》，广东教育出版社 2005 年版，第 214 页。

[2] 见王荣宝撰，陈仲夫点校：《法言义疏》，中华书局 1987 年版，第 160 页。

[3] 参见孙少华：《扬雄的文学追求与文学观念之迁变》，《清华大学学报（哲学社会科学版）》2012 年第 1 期。

茶诗的数量呈现几何级数式的增长。当然，这种增长主要是相较于汉代的茶诗、文数量而言，即便如此，我们亦能从中感受到更为丰富的茶文化内涵，领略汉语与茶完美结合后的无限美感和高远意境。此一时期，最有名的文章就是西晋杜育的《荈赋》，其文为：

灵山惟岳，奇产所钟。瞻彼卷阿，实曰夕阳。厥生荈草，弥谷被岗。承丰壤之滋润，受甘露之霄降。月惟初秋，农功少休；结偶同旅，是采是求。水则岷方之注，挹彼清流；器择陶简，出自东隅；酌之以匏，取式公刘。惟兹初成，沫沉华浮。焕如积雪，晔若春敷。若乃淳染真辰，色殰青霜，白黄若虚。调神和内，倦解慵除。[1]

与以往的所有涉茶文章不同，杜育此篇《荈赋》堪称专门咏茶并以茶为整篇文学作品主题的开山之作。历代文人对此已有较为清醒的认识，宋吴淑谓，“清文既传于杜育，精思亦闻于陆羽”[2]，说明宋人已开始将杜育在文学上咏茶的开创之举比之于茶圣陆羽在茶学开创方面的作为和宗师地位，难怪苏轼也会说出“赋咏谁最先，厥传惟杜育”[3]之言，这些言论都充分肯定了杜育之文的历史文献和文学史价值。当然，杜育此文之所以会传之久远，绝不仅仅是因为其在文学、历史上的首倡咏茶之功，更在于其文章的语言文字之美能够与茶的内在灵性相统一，从而真正使其成为一篇能够跻身于“经国之大业、不朽之盛事”的名篇佳作。正如扬雄将茶树本身也作为一种审美观照，而不只是人云亦云地流连着茶的滋味，杜育也从茶树的生长环境起笔，将茶树及其生长环境俱作为茶事审美的

[1] 严可均辑：《全上古三代秦汉三国六朝文》，中华书局1958年版，第1978页。

[2] 语出宋吴淑《茶赋》，收入曾枣庄、刘琳主编：《全宋文》，上海辞书出版社2006年版，第6册，第210页。

[3] 语出宋苏轼《叶嘉传》，收入苏轼著，孔凡礼点校：《苏轼文集》，中华书局1986年版，第429页。

对象，不但丰富了茶之仙姿绰约的具体形象，更为茶之深厚滋味的由来奠定了牢不可破的根基。同时，杜育更用极为优美的语言，写出了植茶、育茶、采茶的整个生产劳动过程，并着重点明采茶、制茶尤其要注意时间的选择，只有“月惟初秋，农功少休”之时才是“结偶同旅，是采是求”的最好时机。这说明，不只品茶，即使是制茶劳动本身都是一种修行，其目的就在于寻求物候、时节与内在心灵的和谐统一。制茶劳动本质上，就如同饮茶时需要“别水择器”一样，只有“岷方之注”才能“挹彼清流”，只有“出自东隅”才能堪称“器择陶简”。因为，清茶自其来处已经不同寻常，这就直接导致它的归宿亦当自有佳缘。至于“调神和内，倦解慵除”的功用，对茶来说，也只是微不足道的表面效应。那么，什么才是茶的本质特征呢？可惜，今天流传下来的《荈赋》已是残篇，杜育的未尽之意还没来得及在残存的文字中展开，就已经戛然而止了。同样遗憾的还有鲍照胞妹令晖所写的《香茗赋》之不幸失传，史载令晖之才堪与左思之妹左棻比肩，她不但写有《香茗赋》之单篇文章，而且还曾将其所写所有文章结集成册而为《香茗赋集》，只可惜所有这些竟都如令晖的容颜一样容易消逝，于今再不留半点痕迹。杜育和鲍令晖的文章之或残缺或尽失，无疑是魏晋时代茶文学篇章的损失，但也正是这种“维纳斯断臂”的残缺之美，成就了茶之本体永远也无法说尽，甚至不可言说的深微幽隐旨趣，当然更激发了后来者继轨前人未竟之业，从而寄望赋予茶更多荣誉和更深刻幽远之意象表达的雄心壮志。此后，茶赋、茶散文一方面向着越加专业写作的方向发展，逐渐演变成论茶专文，全面勾勒出茶学文章的宏观和微观体系；另一方面，茶赋、茶散文则越加向着审美专门化或是体悟精深化的方向发展，进而将茶之香、情之深与文章之美不断融合，终成涉茶文章逐渐美文化的大趋势，奠定茶之美文的文学大宗。

二、“道”的建构与“茶”的解构

随着唐宋文化的大繁荣和大发展，在文学领域不但衍生出了唐诗宋词的耀眼光芒，更是结出了唐宋文章“前无古人”的丰硕成果，涌现出以“唐宋八大家”为主要代表的一大批才思敏捷、古今无匹的文章大家，并由此促成了中国古典散文面貌的定型，奠定了此后散文发展的方向和规模[1]。唐宋文人倾心文章创作，一方面表现为他们全身心地热情投入，举凡心有所感之际就会欣然命笔，不断创作出一篇又一篇足以流传千古的文章；另一方面还体现在，此一时期，唐宋文人对于文章写作有了更为深刻的理性认识，尤其注重对文章写作理论的挖掘，并依靠新兴理论的指导不断将文章写作推向新的高度。仅以“唐宋八大家”为例，诸如韩愈、柳宗元、欧阳修、苏轼、王安石等人，他们就不仅是文章写作的圣手，而且也是全新文章理论的积极倡导者和践行者。同时，他们最大的共同特点还在于，作为唐宋时期炙手可热的政治人物，他们都颇有政治上的理想抱负，关心社会现实和民生疾苦，具有不同程度的改革思想[2]。显然，他们的这种政治理想和政治抱负，也深深影响了他们的文章写作及其所持的文章写作观点。这一影响的集中体现就是，“文以载道”思想贯穿在整个唐宋时期的始终，无论是精神面貌积极昂扬的唐人，还是表面看起来循规蹈矩的宋人，他们都无一例外地将“道”列为文章写作的终极追求。这种“道”首先是指儒家之道，是积极入世、革新弊政、营造大同世界的政治抱负在文章写作领域的投射。韩愈在其文《送陈秀才彤序》中首先提出“读书以为

［1］参见孙昌武：《唐代古文运动通论》，百花文艺出版社 1984 年版，第 353 页。
［2］参见陈幼石：《韩柳欧苏古文论》，上海文艺出版社 1983 年版，第 133 页。

学，缵言以为文，非以夸多而斗靡也。盖学所以为道，文所以为理耳”[1]。欧阳修则进一步发展了韩愈的学说，并更为清晰地点明“文章系乎治乱”[2]，又说“君子之于学也，务为道；为道，必求之古；知古明道，而后履之以身，施之于事，而又见于文章而发之，以信后世”[3]。可见，文章写作在很大程度上已经成为唐宋文人践行儒家“修身、齐家、治国、平天下”理想的主力手段，是唐宋文人日常生活中不可或缺的重要行为。因此，唐宋文章繁荣局面的形成是有着深厚的社会根基的，既有来自于优秀作品不断涌现的大力支撑，又有全新文章理论的发明、深化和推进。同时，文学的发展必然伴随社会文化的进步，并最终会在全社会形成一种全面开花、普遍结果的进步潮流。

在这种时代洪流的影响下，唐宋时期的茶赋、茶散文也获得了一个前所未有的发展先机，作品数量，尤其是优秀作品的数量，以及以擅长写作茶文而闻名的文学名家和大家数量，都呈现出一派蓬勃增长、时有“井喷”的局面。当然，作为当时社会百态的真实写照及时代精神的重要注脚和象征，唐宋两朝的茶赋、茶散文必然也反映出了当时一众文人的生命观照和情怀寄托，遵循着唐宋文章的一般写作规范和特殊使命要求，并与唐宋时期的文章写作理论格局形成了频繁的互动。这种互动的结果是，直接导致了唐宋茶赋和茶散文向着以下两个方面发展：

一是对正统“文道”观念的弘扬，这还可以理解为是在文章领域，“茶道”向“文道”的一种靠拢乃至合流。在这一过程中，“茶道”或者说茶文化，虽然不免会偶然失掉了“自我”（也即茶道或

[1] 韩愈著，马其昶校注，马茂元整理：《韩昌黎文集校注》，上海古籍出版社 2014 年版，第 291 页。

[2] 语出欧阳修《与黄校书论文章书》，收入欧阳修著，洪本健校笺：《欧阳修诗文集校笺》，上海古籍出版社 2009 年版，第 1784 页。

[3] 语出欧阳修《与张秀才第二书》，收入欧阳修著，洪本健校笺:《欧阳修诗文集》，第 1759 页。

茶文化中的“茶”，不断泯灭“茶之为茶”的特点，茶不再成为一种独特的饮品，而是与其他饮品，比如酒一样，仅仅成为点缀升平盛世的外部需要），但也迅疾占领了整个“世界”（也即“茶道”极为快速地成长为一种流行文化，俘获了一大批既包含文人又覆盖大众的忠实“粉丝”）。唐宋时期，饮茶在文人之间早已成为一种十分时髦的生活习惯和社会活动。诸多文人，不但自己闲来无事就会“烹茶尽具”、乐享人生，而且在文人和文人之间还极为热衷于举办规模盛大的茶会或茶宴，就像魏晋文人雅集兰亭、曲水流觞一样，唐宋文人也在分享茶之真味的社会交往活动中寻求知己和同道中人，并畅述个人的远大志向及社会抱负。唐人吕温的《三月三日茶宴序》一文，就是对此现象的一个重要反映，其文为：

三月三日，上巳禊饮之日也。诸子议以茶酌而代焉。乃拨花砌，憩庭阴，清风逐人，日色留兴。卧指青霭，坐攀香枝，闻莺近席而未飞，红蕊拂衣而不散。乃命酌香沫，浮素杯，殷凝琥珀之色；不令人醉，微觉清思；虽五云仙浆，无复加也。座右才子南阳邹子、高阳许侯，与二三子顷为尘外之赏，而曷不言诗矣。[1]

通观全篇，文章虽极为简短、惜墨如金，但却将一场中等规模的茶宴描绘得绘声绘色，从而为我们现代人一窥唐人茶宴的整体风貌提供了一段极为宝贵的文字材料。除却此文的文献价值，其语言也颇具美感，诸如“乃拨花砌，憩庭阴，清风逐人，日色留兴”一句就将文人准备饮茶的情态描摹得细致入微、生动形象，接着又灵活运用了“酌香沫”“浮素杯”“琥珀之色”“五云仙浆”等词语，从多个方面描写了茶汤的特点，力求以优美文字为茶增色，真可谓是寻章摘句、煞费苦心。最重要的是，此文还写出了一种博大的情

[1] 董诰等编：《全唐文》，上海古籍出版社 1990 年版，第 2807 页。

怀，颇有点曾子所谓“暮春者，春服既成，冠者五六人，童子六七人，浴乎沂，风乎舞雩，咏而归”[1]的寄托遥深的味道。不难看出，吕温所描绘的茶宴，与曾子所向往的郊游，都是发生在暮春时节，都是从个人对安乐小生活的孜孜以求以衬托出儒者渴望人生幸福、世界大同的社会理想。同时，吕温此文的写作还忠实践行了他自己以“道”为本、兼及文采的文学理念。吕温言，“文为道之饰，道为文之本。专其饰则道丧，反其本而文存。且使不存，又何伤矣”，又言“根乎六经，取礼之简要、诗之比兴、书之典刑、春秋之褒贬、大易之变化，错落混合，峥嵘特立。不离圣域而逸轨绝尘，不易雅制而环姿万方。有若云起日观，尽成丹霞；峰折灵掌，无非峻势。皆天光朗映，秀气孤拔，岂藻饰而削成者哉”[2]。由此看来，在吕温心目中，“道”和“文”之间其实存在着一个最佳的结合点，而儒家的经典如诗、书、礼、易、春秋等就是道、文结合的典范。吕温认为，这些经典既蕴含道的崇高理念，又具有语言修辞美的形式，堪称“美文”教科书[3]。因此，吕温为文始终向着儒家经典的方向努力，就是写作一篇小小的茶宴序文也从不例外，其间包孕的不只有吕温对经典的敬意，更有其对儒家道统理想和美之理念的由衷认同。

如果说吕温的茶文还只是对儒家社会政治理想遮遮掩掩地表达的话，那么韩翃的茶文《为田神玉谢茶表》，则是通过对一场关于茶的政治活动的详细描述，更为直观地写出了茶所扮演的政治角色以及其背后的政治深意，其文曰：

臣某言，中使某至，伏奉手诏，兼赐臣茶一千五百串，令臣分给将士以下。圣慈曲被，戴荷无阶。臣某中谢。臣智谢理戎，功惭

[1] 语出《论语·先进》，见杨伯峻译注:《论语译注》，中华书局1958年版，第118页。
[2] 吕温撰:《吕衡州文集》卷三，中华书局1985年版，第31—32页。
[3] 参见白盛友:《吕温研究》，博士学位论文，复旦大学，2009年，第56页。

荡寇，前恩未报，厚赐仍加。念以炎蒸，恤其暴露。荣分紫笋，宠降朱宫。味足蠲邪，助其正直；香堪愈病，沃以勤劳。饮德相欢，抚心是荷。前朝飨士，往典犒军，皆是循常，非闻特达。顾惟何幸，忽被殊私。吴主礼贤，方闻置茗；晋臣爱客，才有分茶。岂知泽被三军，仁加十乘，以欣以忭，感荷无阶。[1]

此文通篇所写都是围绕“天子赐茶”这一政治事件，着重表达身为臣子的领兵之将在领受天子所赐之茶时，对当朝天子发自肺腑的感恩戴德之情。同样的篇章，还有崔致远的《谢新茶状》，其中的“今日中军使俞公楚，奉传处分送前件茶芽者。……下情无任感恩，惶惧激切之至，仅奉状陈谢”[2]等说辞，与韩翃所言“岂知泽被三军，仁加十乘，以欣以忭，感荷无阶”之语所表达的情感极为相似。此类文章作为茶散文的一个重要分支，之所以会在唐代开始频繁出现，当与自大唐李氏王朝龙兴以来所形成的社会文化有着极为紧密的联系。唐代所开创的前所未有的文化繁荣局面，大大激发了唐代士人参与政治、建设国家的热情，当基本的物质生活被满足后，唐人更是将追求人生和社会的双重完美作为了他们的毕生追求，并不断提高对自身修养乃至社会秩序的要求。正如狂放不羁如李白者所言，“晨趋紫禁中，夕待金门诏。观书散遗帙，探古穷至妙”[3]，又如温柔敦厚如杜甫者亦终生不忘“许身一何愚，窃比稷与契”[4]，并不断尝试着“致君尧舜上，再使风俗淳”[5]。风

[1] 董诰等编：《全唐文》，上海古籍出版社 1990 年版，第 2004 页。
[2] 陆心源编：《唐文拾遗》，上海古籍出版社 1990 年版，第 214 页。
[3] 语出李白诗《翰林读书言怀呈集贤诸学士》，收入詹锳主编：《李白全集校注汇释集评》，百花文艺出版社 1996 年版，第 3467 页。
[4] 语出杜甫诗《自京赴奉先县咏怀五百字》，收入杜甫著，仇兆鳌注：《杜诗详注》，中华书局 1999 年版，第 264 页。
[5] 语出杜甫诗《奉赠韦左丞丈二十二韵》，收入杜甫著，仇兆鳌注：《杜诗详注》，第 74 页。

气所致，即使是唐代全盛时期的一介武夫，比如韩翃、崔致远等，他们的文学品味和文化修养自然也都是“踞居高位”的。除了领兵打仗、开疆拓土，深入践行“武死战”的武人格言外，他们对于茶及其所反映出来的恢宏大度的文化背景也有着自己的理解，不失时机地提出了“饮德相欢，抚心是荷”的观点。可见，“谢茶”文章中的茶，不只能承载天子对普通兵将的关爱以及臣下对至尊的感戴，而且也承载着大唐子民的时代诉求——完善自身、改良社会，也即“饮”和“德”的统一，这也是唐人追求内心远大理想“抚心是荷”的必然结果。

同样，宋代人也赋予了“茶”非比寻常的文化地位。在与唐人共同文化心理的作用下，宋人用赋和散文的形式将“茶德”论述得更为全面，这其中的卓越代表就是梅尧臣所作之《南有嘉茗赋》，其文言道：

南有山原兮，不凿不营，乃产嘉茗兮，嚣此众氓。土膏脉动兮雷始发声，万木之气未通兮，此已吐乎纤萌。一之曰雀舌露，掇而制之以奉乎王庭。二之曰鸟喙长，撷而焙之以备乎公卿。三之曰枪旗耸，搴而炕之将求乎利赢。四之曰嫩茎茂，团而范之来充乎赋征。当此时也，女废蚕织，男废农耕，夜不得息，昼不得停。取之由一叶而至一掬，输之若百谷之赴巨溟。华夷蛮貊，固日饮而无厌；富贵贫贱，不时啜而不宁。所以小民冒险而竞鬻，孰谓峻法之与严刑。呜呼！古者圣人为之丝枲絺绤而民始衣，播之禾麰麦菽粟而民不饥，畜之牛羊犬豕而甘脆不遗，调之辛酸咸苦而五味适宜，造之酒醴而宴飨之，树之果蔬而荐羞之，于兹可谓备矣。何彼茗无一胜焉，而竞进于今之时？抑非近世之人，体惰不勤，饱食粱肉，坐以生疾，藉以灵荈而消腑胃之宿陈？若然，则斯茗也，不得不谓之无益于尔

身，无功于尔民也哉。[1]

此文以细腻形象之笔、丰腴畅达之言，将茶树的自然生长之态及茶事的生产劳动场面熔铸于生动的文笔之间，并第一次对茶所担当的社会角色和功用进行了分类探讨，如谓“雀舌露”之茶要“奉乎王庭”，“鸟喙长”之茶可“备乎公卿”，“枪旗耸”之茶要投入市场“求乎利赢”，而“嫩茎茂”之茶则还要经过“团而范之”的加工程序才能成为向国家交纳的赋税。这说明，茶已经渗透到了社会生活的方方面面，早就突破了“华夷之大防”和“贫富之不两立”，但茶在本质上和“播种五谷”及“驯养家畜”并无不同，都是需要普通百姓为之付出辛勤的劳作，才能换来不同阶层对茶之真味和至道的品评和体悟。有鉴于此，梅尧臣以一个贴近下层人民的落拓文人的身份，不失时机地对上层社会享乐浪费之风表示了由衷的愤慨：“抑非近世之人，体惰不勤，饱食粱肉，坐以生疾，藉以灵荈而消腑胃之宿陈？”短短几句，充分表现出梅尧臣诗文中的那种透过现象穷究根本的显著特征，他以敏锐的目光指出品茗之风的背后潜藏着士风疲弱、因循苟且、不关心国计民生痛痒的危机[2]。所以，此文最后自然归结到对民力的体恤上，其实质仍指向了儒家对“大同世界”的向往，而茶在其中遂逐渐湮灭个性，而沦为士大夫阐述社会理想和政治抱负的一重论据。

二是对正统“文道”观念的冲击和反叛，也即“茶道”逐渐远离“文道”，并最终归于茶、文殊途。如果说“文道”在通常情况下可以理解为一种追求事功的功利主义志向的话，那么，“茶道”在唐宋时期的某些特殊语境下，往往表现出的就是一种以内心崇高

[1] 梅尧臣著，朱东润校注：《梅尧臣文集编年校注》，上海古籍出版社 1980 年版，第 1151 页。

[2] 参见刘培：《覃思精微 深远闲淡——论梅尧臣的辞赋创作》，《云梦学刊》2005 年第 5 期。

为根本皈依的非功利主义的坚守。特别是当建功立业、改造社会的企图不能实现，唐宋文人和士大夫无一例外地都适时转向了对既超越生死又悠游自在的仙道或佛家生活的寻求当中。而茶本身所具有的某些神奇特性正好迎合了人们对于永生或生命轮回的心理需求，自然很容易被看作来自于彼岸世界的典型神物，而成为此岸凡人力求逃脱红尘罗网羁绊的精神寄托。唐人顾况的《茶赋》就很好地诠释出了这一思想内涵，如其文为：

稽天地之不平兮，兰何为兮早秀，菊何为兮迟荣。皇天既孕此灵物兮，厚地复糅之而萌。惜下国之偏多，嗟上林之不生。至如罗玳筵、展瑶席，凝藻思、开灵液，赐名臣、留上客，谷莺啭、宫女嚬，泛浓华、漱芳津，出恒品、先众珍，君门九重，圣寿万春，此茶上达于天子也。滋饭蔬之精素，攻肉食之膻腻，发当暑之清吟，涤通宵之昏寐，杏树桃花之深洞，竹林草堂之古寺，乘槎海上来，飞锡云中至，此茶下被于幽人也。《雅》曰:“不知我者，谓我何求。”可怜翠涧阴，中有碧泉流。舒铁如金之鼎，越泥似玉之瓯。轻烟细沫霭然浮，爽气淡烟风雨秋。梦里还钱，怀中赠橘，虽神秘而焉求。[1]

在这篇《茶赋》中，令今人更为惊喜的发现是，文章作者不但承认了茶的“皇天既孕此灵物兮”先天神性，更是将这一先天神性如何“上达天子”“下被幽人”做了一个补充说明。诚然，茶在上层社会已然精巧备至，但其最重要的特性还在于沟通彼岸与此岸两个完全没有交集的世界，在属于幽人的茶事活动中，茶乃是幽人之所以得道的中介，只有借助于茶，才能像神仙一样自由出入于阴阳两界，完成常人无法完成的人生梦想。比如“梦里还钱”“怀中赠橘”等，在常人看来只是仙人在物质、金钱方面对凡人的资助，

[1] 董诰等编：《全唐文》，上海古籍出版社 1990 年版，第 2375—2376 页。

但在幽人那里，这其实正代表了一种人生所寻求的大自由，也就是庄子所谓“逍遥游”的最终实现。与此同时，茶也在此间与幽人的形象融为一体，幽人通常都是避世而居的隐士，茶也就因此成为幽人隐逸情怀最真切的象征[1]。明于此，也就能明白，与茶和幽人所追求的“大自由”比起来，尚留存于人间的“文以载道”观念和大同世界理想，也就显得不再那么重要甚至是微不足道了。因此，我们也就可以这样认为，实现“大自由”就是茶和幽人所坚持的理念，也即茶道对“文道”的一种消解，在这一过程中，茶最终将其自身形象无限放大，并在很大程度上实现了茶道对文道的超越[2]。关于这一点，在宋人吴淑的《茶赋》里也有所体现，如其谓：

夫其涤烦疗渴，换骨轻身，茶荈之利，其功若神。则有渠江薄片，西山白露，云垂绿脚，香浮碧乳。挹此霜华，却兹烦暑。清文既传于杜育，神思亦闻于陆羽。若夫撷此皋卢，烹兹苦茶。桐君之录尤重，仙人之掌难逾。豫章之嘉甘露，王肃之贪酪奴。待枪旗而采摘，对鼎鬲以吹嘘。则有疗彼斛瘕，困之水厄。擢彼阴林，得于烂石。先火而造，乘雷以摘。吴主之忧韦曜，初沐殊恩。陆纳之待谢安，诚彰俭德。别有产于玉垒，造彼金沙。三等为号，五出城花。早春之来宾化，横纹之出阳坡。复闻灉湖含膏之作，龙安骑火之名。柏

[1] 参见王玲著：《中国茶文化》，中国书店 1992 年版，第 139 页。

[2] 茶道对文道的超越，其本质是“出世”和“入世”思想的不同。特别是，当一些汲汲于“入世”、渴望建功立业的人，一旦遇到重大的人生挫折或遭遇政治迫害，他们就会转而倾向于“出世”，其中虽然掺杂着些许无奈，但也从一个侧面透露出，“出世”是比“入世”更高尚的一种精神追求。因为，一旦退居山林与茶相伴，他们内心的愉悦往往会轻易战胜他们原本的苦闷心情，明代的朱权、张源等人就是其中的典型代表。从这个角度讲，茶就是他们隐居遁世生活的写照，是他们抛弃世俗杂念、否定和超越以“入世思想”为内核的文道传统、无欲无求精神的表达。可分别参见朱权《茶谱序》、张源《茶录引》，收入朱自振、沈冬梅著：《中国古代茶书集成》，上海文化艺术出版社 2010 年版，第 181 页、第 244 页。

岩兮鹤岭，鸠阬兮凤亭。嘉雀舌之纤嫩，玩蝉翼之轻盈。冬牙早秀，麦颗先成。或重四园之价，或侔团月之形。并明目而益思，岂瘠气而侵精。又有蜀冈牛岭，洪雅乌程。碧涧纪号，紫笋为称。陟仙崖而花坠，服丹丘而翼生。至于飞自狱中，煎于竹里，效在不眠，功存悦志。或言诗为报，或以钱见遗。复云叶如栀子，花若蔷薇。轻飚浮云之美，霜笴竹箨之差。唯芳茗之为用，盖饮食之所资。[1]

此文无论是在语言风格还是在事典的运用上，都与顾况之文有着极为相似的特征。两文起笔即交代清楚了茶的神奇特性，紧接着都分别从其各自时代的饮茶习俗展开论述，旨在说明茶在当时社会的普及以及茶在士人之间为什么会受到广泛的推崇。两文还都不约而同提到了仙人梦里赠钱的典故，并以此典故为基础将茶道内涵做了提炼和升华，指出茶道的本质就是能使人体悟什么才是“换骨轻身”“功存悦志”。同时，为了能将这种体悟最大限度地记录在案，两人都采取了繁复修辞譬喻的美文写作策略，通过调动全身的感觉器官，并打通人体的全部知觉体验，而生成了一种语言极度华丽、措辞尤其讲究的茶文范本。当然，在这样的文章中，语言文字的华美并不重要，重要的是茶在优美、雅致的文字描写中已经变得和道一样，蒙上了一层难以琢磨的神秘面纱，成为饮茶者个人身体乃至思想上，真正的、无可替代的双重自由的最佳诠释。

[1] 曾枣庄、刘琳主编：《全宋文》，上海辞书出版社 2006 年版，第 6 册，第 210—211 页。

三、茶文新变，茶道与文道的互通有无

“文以载道”的思想观念，虽然直接导致了唐宋茶美文明显向着两个极端发展，但这并不代表文道与茶道的矛盾是不可调和的。对于才华横溢的文章巨子和文学大家来说，他们所作的茶文是可以超越文道与茶道之间的隔阂，达到将正统“文道”与异端“茶道”相互补充发明以至终极统一的境界的。如果只有“文道”之发奋于现实世界，并严格遵循“文章合为时而著，歌诗合为事而作”[1]的教条，那么唐宋文章也仅仅做到了对现实的模仿，而缺乏艺术的升华；如果只有“茶道”之遁迹于江湖和栖身于世外，那么唐宋文章在获得一缕仙气的同时，也会失去其平易真实的可贵面貌。所以，唐宋文人在儒家之外，也常会寻求释、道两家的心灵慰藉，而走上儒、释、道三教合一的漫漫征途[2]。唐宋文章亦是如此，其所营造的至臻艺术之境，往往也是“出世”与“入世”情结的完美融合，体现着三教逐渐合一这一不可逆的历史潮流。茶文在此趋势下，也发展到了其所能达到的一个至高顶点，在在体现出中国茶道精神的儒释道思想内核[3]。身为“苏门四学士”之一的黄庭坚，因其深厚的学养和诗文创作功底而作茶文，故能将顾况与吴淑的思想融为一体，更将茶道内涵的深度和广度做了进一步的拓展，正如其茶文名作《煎茶赋》所言：

---

[1] 语出唐人白居易文《与元九书》，收入白居易著，顾学颉校点：《白居易集》，中华书局 1999 年版，第 959 页。

[2] 参见丁文著：《茶乘》，天马图书有限公司（香港）1999 年版，第 293 页；赖功欧：《茶哲睿智——中国茶文化与儒释道》，光明日报出版社 1999 年版，第 1 页、第 132 页；林治：《中国茶道》，中华工商联合出版社 2000 年版，第 89 页。

[3] 参见陈香白：《论中国茶道的义理与核心》，《农业考古》1992 年第 4 期；陈文华：《论中国茶道的形成历史及其主要特征与儒、释、道的关系》《农业考古》2002 年第 2 期。

汹汹乎如涧松之发清吹，皓皓乎如春空之行白云。宾主欲眠而同味，水茗相投而不浑。苦口利病，解醪涤昏，未尝一日不放箸，而策茗碗之勋者也。

余尝为嗣直瀹茗，因录其涤烦破睡之功，为之甲乙：建溪如割，双井如挞，日铸如劈，其余苦则辛螫，甘则底滞，呕酸寒胃，令人失睡，亦未足与议。或曰无甚高论，敢问其次。涪翁曰：味江之罗山，严道之蒙顶，黔阳之都濡高株，泸川之纳溪梅岭，夷陵之压砖，临邛之火井。不得已而去于三，则六者亦可酌兔褐之瓯，瀹鱼眼之鼎者也。

或者又曰：寒中瘠气，莫甚于茶。或济之盐，勾贼破家，滑窍走水，又况鸡苏之与胡麻。涪翁于是酌岐雷之醪醴，参伊圣之汤液。斮附子如博投，以熬葛仙之垩。去蕟而用盐，去橘而用姜。不夺茗味，而佐以草石之良，所以固太仓而坚作强。于是有胡桃、松实，庵摩、鸭脚，勃贺、靡芜，水苏、甘菊。既加臭味，亦厚宾客。前四后四，各用其一。少则美，多则恶，发挥其精神，又益于咀嚼。

盖大匠无可弃之材，太平非一士之略。厥初贪味隽永，速化汤饼。乃至中夜不眠，耿耿既作，温齐殊可屡歃。如以六经，济三尺法，虽有除治，与人安乐。宾至则煎，去则就榻，不游轩石之华胥，则化庄周之蝴蝶。[1]

相比于顾况和吴淑，黄庭坚更擅长"以小见大"的写作方法，他以"夺胎换骨""点铁成金"之笔，将茶的特性描绘得既层次分明又耐人寻思。黄氏论茶虽也不厌其烦地指出了茶之"苦口利病，解醪涤昏"的功效，但这并不是其论述的重点所在。他认为人们之

[1] 黄庭坚著，刘琳、李勇先、王蓉贵校点：《黄庭坚全集》，四川大学出版社 2001 年版，第 302—303 页。

所以如此喜茶、爱茶，最重要的一个原因乃是，与米、醋、油、盐等寻常滋味比起来，茶的滋味不是更突出，反而是更趋于无味或寡淡，但正是这种“无味之味”助长了人们对“胡桃、松实，庵摩、鸭脚，勃贺、靡芜，水苏、甘菊”等鲜美至味的鉴别能力，并在很大程度上使鲜美者更加鲜美，从而使人获得了一种“既加臭味，亦厚宾客”的意外之喜。所以，茶的最伟大的用处就在于它的“无用之用”，也即黄氏所谓“大匠无可弃之材，太平非一士之略”的意涵。最终，不管是茶的无味，还是茶的大用，都不约而同指向了“宾至则煎，去则就榻，不游轩石之华胥，则化庄周之蝴蝶”的大境界，从而也就从根本上使茶道归于“物我两忘”的理想世界。同时，这种境界也不是完全“出世”的，其中还包含对“大匠”和“大材”之用的肯定。这说明，黄庭坚眼中的茶不只能点缀隐逸生活，更是一种“大用”之物的代表。因此，黄庭坚所理解的茶道必然也不仅仅是避世的，而是在某种程度上与“文道”一样，可以成为社会理想的一种诉求。

显然，黄庭坚试图调和茶道与文道的内在矛盾，并有意探索出一个可融合茶、文两道理论精华的文本表述方式。在这方面，苏轼则走得更远，他通过撰写洋洋洒洒的千余言长文——《叶嘉传》，将此种雄心壮志表露得更加彻底，其文曰：

叶嘉，闽人也，其先处上谷，曾祖茂先，养高不仕，好游名山，至武夷，悦之，遂家焉。尝曰:“吾植功种德，不为时采，然遗香后世，吾子孙必盛于中土，当饮其惠矣。”茂先葬郝源，子孙遂为郝源民。

至嘉，少植节操，或劝之业武，曰：“吾当为天下英武之精。一枪一旗，岂吾事哉!”因而游，见陆先生，先生奇之，为著其行录传于世。方汉帝嗜阅经史，时建安人为谒者侍上。上读其行录而善之，曰：“吾独不得与此人同时哉！”曰：“臣邑人叶嘉，风味恬淡，清白可爱，颇负其名，有济世之才。虽羽知犹未详也。”上惊，敕建安太守召嘉，给传遗诣京师。

郡守始令采访嘉所在，命赍书示之。嘉未就，遣使臣督促。郡守曰："叶先生方闭门制作，研味经史，志图挺立，必不屑进，未可促之。"亲至山中，为之劝驾，始行登车。遇相者揖之曰："先生容质异常，矫然有龙凤之姿，后当大贵。"嘉以皂囊上封事。天子见之曰："吾久饫卿名，但未知其实耳。我其试哉。"因顾谓侍臣曰："视嘉容貌如铁，资质刚劲，难以遽用，必捶提顿挫之乃可。"遂以言恐嘉曰："砧斧在前，鼎镬在后，将以烹子，子视之如何？"嘉勃然吐气曰："臣山薮猥士，幸惟陛下采择至此，可以利生，虽粉身碎骨，臣不辞也。"上笑，命以名曹处之，又加枢要之务焉。因诫小黄门监之。

有顷报曰："嘉之所为，犹若粗疏然。"上曰："吾知其才，第以独学未经师耳。"嘉为之，屑屑就师，顷刻就事，已精熟矣。"上乃敕御使欧阳高、金紫光禄大夫郑当时、甘泉侯陈平三人，与之同事。欧阳嫉嘉初进有宠，曰："吾属且为之下矣。"计欲倾之。会天子御延英，促召四人，欧但热中而已；当时以足击嘉；而平亦以口侵凌之。嘉虽见侮，为之起立，颜色不变。欧阳悔曰："陛下以叶嘉见托吾辈，亦不可忽之也。"因同见帝，欧阳称嘉美，而阴以轻浮訾之。嘉亦诉于上。上为责欧阳，怜嘉，视其颜色，久之，曰："叶嘉真清白之士也，其气飘然若浮云矣。"遂引而宴之。

少选间，上鼓舌欣然曰："始吾见嘉，未甚好也；久味之，殊令人爱，朕之精魂，不觉洒然而醒。书曰：'启乃心、沃朕心。'嘉元谓也。"于是封嘉为钜合侯，位尚书。曰："尚书，朕喉舌之任也。"由是宠爱日加。

朝廷宾客，遇会宴享，未始不推于嘉。上日引对，至于再三。后因侍宴苑中，上饮逾度，嘉辄苦谏。上不悦曰："卿司朕喉舌，而以苦辞逆我，余岂堪哉！"遂唾之。命左右仆于地。嘉正色曰："陛下必欲甘辞利口，然后爱耶？臣言虽苦，久则有效，陛下亦尝试之，岂不知乎？"上顾左右曰："始吾言嘉刚劲难用，今果见矣。"因含

容之，然亦以是疏嘉。

嘉既不得志，退去闽中。既而曰：“吾未如之何也，已矣。”上以不见嘉月余，劳于万几，神苶思困，颇思嘉。因命召至，喜甚，以手抚嘉曰：“吾渴见卿久也。”遂恩遇如故。上方欲以兵革为事。而大司农奏计国用不足。上深患之，以问嘉。嘉为进三策。其一曰：榷天下之利、山海之资，一切籍于县官。行之一年，财用丰赡。上大悦。兵兴有功而还。上利其财，故榷法不罢。管山海之利，自嘉始也。居一年，嘉告老。上曰：“钜合侯其忠可谓尽矣。”遂得爵其子。又令郡守择其宗支之良者，每岁贡焉。

嘉子二人。长曰抟，有父风，袭爵。次曰挺，抱黄白之术。比于抟，其志尤淡泊也。尝散其资，拯乡闾之困，人皆德之。故乡人以春秋伐鼓，大会山中，求之以为常。

赞曰：今叶氏散居天下。皆不喜城邑，惟乐山居。氏于闽中者，盖嘉之苗裔也。天下叶氏虽夥，然风味德馨，为世所贵，皆不及闽。闽之居者又多，而郝源之族为甲。嘉以布衣遇天子，爵彻侯，位八座，可谓荣矣。然其正色苦谏，竭力许国，不为身计，盖有以取之。夫先王用于国有节，取于民有制，至于山林川泽之利，一切与民。嘉为策以榷之，虽救一时之急，非先王之举也。君子讥之。或云管山海之利，始于盐铁丞孔仅、桑弘羊之谋也。嘉之策未行于时，至唐赵赞始举而用之。[1]

苏轼此文精心结撰，其裒采三教精华而立说所费之功实不亚于《赤壁赋》，堪称唐宋茶文中的殿军。首先，从体裁来看，苏轼采用了正统儒家最为看重的史传之体，其意在为“叶嘉”（其实就是嘉叶，苏文通篇采用拟人的手法，完全将茶叶当作了一个德才兼备的高人隐士来描写）这一虚构的艺术形象树碑立传，因而也就必须

[1] 苏轼著，孔凡礼点校：《苏轼文集》，中华书局 1986 年版，第 429—431 页。

符合儒家所能首肯的立传标准，比如“叶嘉”的“风味恬淡，清白可爱，颇负其名，有济世之才”，所体现的就是典型的儒者风范。其次，“叶嘉”之最为人称道的品质还在于其“不喜城邑，惟乐山居”的高蹈风流，虽“不为时采”，但仍能“遗香后世”。当“叶嘉”遭谗蒙冤，不能为当朝者倚重，他也能安居乡里，布德施惠于八方，正是体现出了茶之善为“无用之用”的大用作为。而最重要的是，“叶嘉”不只能建功立业，完成其“入世”而为的宏愿，通过不断谏言而为家国百姓谋福祉，而且还能“功成而弗居”[1]，如其二子虽袭爵，但却仍保有父风，甚至可以“抱黄白之术”，存淡泊之志，并能“尝散其资，拯乡闾之困”，使“人皆德之”，足可见出茶之对德坚守、于道精修的高贵品质。其实，苏轼此文表面上是在写茶，而实质却是在写人。可以说，以拟人化手法塑造的茶之形象的所作所为，就是苏轼自己的真实写照，正反映了苏轼自己的宦海沉浮以及他出入于儒、释、道三教的博大胸襟和形上思考[2]。

除了上述文学色彩较为浓厚的一类文章，唐宋茶文还包括《茶经》《大观茶论》等专业性很强的茶学专著和诸多涉及茶的文献史料，从而形成了唐宋茶文一个蔚为壮观的论述体系，这些都是广义上的茶散文。即使是这样的文字，也都颇为注重语言文字的考究，如《茶经》和《大观茶论》的某些段落亦不失为是文辞优美的茶赋、茶散文。总而言之，唐宋文章的繁荣是全方面的，唐宋茶文所能涵盖的内容也是包罗万象的，但整体上看，唐宋茶文依然万变不离其宗，是可以被统摄到“文以载道”这一唐宋文人最为津津乐道的文章创作理念当中的。唐宋茶文要么于此道深入发挥，要么于此道竭力反驳，要么企图融合此道及其反对意见为一体，不管怎样，这都不是简单地以茶写茶，而是以人之思想、道德、审美观念等写茶，

[1] 语出《老子》，见陈鼓应注译:《老子今注今译》，商务印书馆2006年版，第80页。

[2] 参见陈剑熙:《茶人的人性与神性——从〈叶嘉传〉看中国茶人精神的文化结构》，《广东茶叶》2008年第3期。

从而使茶文（主要是指文学艺术性强的茶赋和茶散文）成为唐宋士人反观外物、内省自身的载体，并最终使茶文能够像茶或道一样具有了某种永恒的价值而遗"香"后世、泽被子孙。

四、寄寓遥深的私人化写作与茶道审美

元明清时期，传统文章写作已经到了一个瓶颈期。由于唐宋文章已经完备众体，且风格多变，成就斐然，后来之文人已经很难超越前代的典范。于是，元明清文人不得不另辟蹊径，开始将唐宋之恢宏文章一变为新奇特异之小品文。需要指出的是，小品文之"小"，并不在于其篇幅的短小，也不是指其格调不高、气量狭小，而是对小品文之私人化写作的一种描述[1]。小品文所涉及的主题，往往远离家国兴废、王朝更迭的宏大历史事件，举凡序、跋、碑志、铭诔、书信等私人化、个性化文本或称副文本便因此成为奠定小品文艺术特色的中坚力量。此类文章，因其体裁自由、题材多变，更无须受制于学问深浅和见解高下，充分解放了写作者的手脚和思维，故也能时常翻出新意，作出好文章。正如明代小品文的行家里手王思任所言："汉之赋，唐之诗，宋元之词，明之小题（也即今天所谓小品文），皆精思独到者必传之技也。王唐瞿薛，文章之法吏也，尝乐为小题，非乐为也，不易为而为之也"。[2]可见，小品文虽"小"，但却并不缺乏深意。据《世说新语·文学》篇记载："殷中军读小品，下二百签，皆是精微。"刘孝标注云："释氏《辨空经》，经有详者焉，

[1] 关于小品文的概念，目前学界还多有争论，但多数学者已经肯定小品文就是散文的一种，欧明俊指出，小品文"不是载道文学、事功文学、谀颂文学、庙堂文学，而是正统以外的个人文学、性情文学、闲适文学、趣味文学"。参见欧明俊：《论晚明人的"小品"观》，《文学遗产》1999 年第 5 期。

[2] 王思任撰：《王季重杂著》（影印《明代论著丛刊》第三辑本），伟文图书出版有限公司（台北）1977 年版，第 381 页。

有略者焉，详者为大品，略者为小品。”[1] 这说明在“小品”一词的诞生源头，其与经典的微言大义竟也有着难以割舍的血脉联系。所以，小品文不只能概括元明清三代的文章写作，成为能与同时代之杂剧、小说并列的“一代之文学”，甚至对今天的文学写作方式也有某种启发。同样的道理，关于茶的小品文自然也是元明清文人在涉茶写作方面的一大创举，茶性之清淡平和与小品文之词短情长可谓是相得益彰，终使它们互相成就了彼此，也启迪了今之读者。元代杨维桢的《煮茶梦记》，便是其中的典型代表。其文为：

铁龙道人卧石床，移二更，月微明及纸帐，梅影亦及半窗，鹤孤立不鸣。命小芸童汲白莲泉，燃槁湘竹，授以凌霄芽，为饮供道人。乃游心太虚雍雍凉凉，若鸿濛，若皇芒，会天地之未生，适阴阳之若亡。恍兮不知入梦，遂坐清真银晖之堂。堂上香云帘拂地，中著紫桂榻、绿琼几。看太初《易》一集，集内悉星斗文，焕煜爚熠，金流玉错，莫别爻画，若烟云日月交丽乎中天，欻玉露凉，月冷如冰，入齿者易刻，因作《太虚吟》，吟曰：“道无形兮兆无声，妙无心兮一以贞，百象斯融兮太虚以清。”歌已，光飙起林，末激华氛，郁郁霏霏，绚烂淫艳。乃有扈绿衣若仙子者，从容来谒。云名淡香，小字绿花，乃捧太玄杯，酌太清神明之醴，以寿予。侑以词曰：“心不行，神不行，无而为。万化清。”寿毕，纾徐而退，复令小玉环侍笔牍，遂书歌遗之曰：“道可受兮不可传，天无形兮四时以言，妙乎天兮天天之先，天天之先复何仙。”移间，白云微消，绿衣化烟，月反明予内间。予亦寤矣。遂冥神合玄。月光尚隐隐于梅花间，小芸呼曰：“凌霄芽熟矣！”[2]

[1] 刘义庆著，张万起、刘尚慈译注:《世说新语译注》，中华书局1998年版，第201页。
[2] 杨维桢《煮茶梦记》，收入朱自振、沈冬梅著：《中国古代茶书集成》，上海文化艺术出版社2010年版，第167页。

杨维桢此文营造了一个完全私密的饮茶环境，同时，这个环境毋宁说也是作者创作小品文的一个绝佳的时间和空间的组合。一开始，文中作者便自称“道人”，身边只有童子相伴，待到月明星稀，梅影斑驳之际，道人因饮茶之故“乃游心太虚雍雍凉凉，若鸿濛，若皇芒，会天地之未生，适阴阳之若亡”，接着道人倏忽之间已步入另一个全新的世界，随即便打开了他汩汩不断的遐想和文思。从看太初《易》到因作《太虚吟》，道人的奇思妙想和真切体验都难以被复制，是专属于他一个人的最隐秘而微妙的感觉。其“精思独到”之处在于，茶、梦、人三者的若合符契，仿佛一缕缕袅袅轻烟，不断从小品文的语言文字间升腾而出，并最终令所有一切与道相关，正所谓“道可受兮不可传，天无形兮四时以言，妙乎天兮天天之先，天天之先复何仙”。小品文不同于一般散文，它从不涉及宏大主题，但又要表达出“不可传”的真意，杨维桢此文却很好地在私人叙述与普遍真意之间达到了平衡，这大概就是王思任所说小品文之“不易为而为之”的地方所在。

到了明代，随着小品文写作技艺的日趋成熟，小品茶文也发展到了一个新的高度。当然，明代茶文的进步与新时代饮茶之法及茶俗的变更亦不无关系。由于自明太祖朱元璋起，开始在全国推行“罢团茶，兴散茶”的茶叶采摘和制作制度，“瀹茶”（即今天我们常用的直接用沸水沏茶的方法）风气因而在大江南北全面兴起，转而取代唐宋以来的“斗茶”“点茶”习俗。据沈德符《万历野获编》记载：“国初四方供茶，以建宁、阳羡茶品为上，时犹仍宋制，所进者俱碾而揉之，为大小龙团。至洪武二十四年九月，上以重劳民力，罢造龙团，惟采茶芽以进，其品有四，曰探春、先春、次春、紫笋。置茶户五百，免其徭役，按茶加香物，捣为细饼，已失真味。宋时，又有宫中绣茶之制，尤为水厄中第一厄。今人惟取初萌之精者汲泉置鼎，一瀹便啜，遂开千古茗饮之宗。乃不知我太祖实首辟此法，真所谓圣人先得我心也。陆鸿渐有灵，必俯首服，蔡君谟在地下，亦咋舌退矣。”[1]可见，明人对于“瀹茶”之法已是倍加推崇，甚至充满了自豪，难怪沈德符会反复论说并极力夸耀，“饮茶精洁无过于近年，讲究既备，烹瀹有时，且采焙俱用芽枘，无碾造之劳，而真味毕现”[2]。正是在这种对大明茶文化绝对自信且骄傲满溢的心理作用下，明代文人对于茗茶，更是生发出了一种特别的感情和有如烛照自身一般的深刻理解。纵观文徵明、唐伯虎、徐渭、王思任、张岱等大明才子，他们自幼都无一例外地生长于江南的水乡、茶乡，深受士林及民间茶风、茶俗影响。其熏陶所致，使得他们不但爱茶，特别是比之唐宋文人更加能欣赏茶之真味；而且，他们尤擅以小品文写茶，他们中的许多人甚至还曾自己参与亲手做茶。如果说在唐宋时代，无论宫廷茶宴有着多么盛大的场面，无论煎茶也好，抑或斗茶也罢，是多么地具有技术含量，但这仍旧都还停留在操作的层面，茶与人还没有完全融合，茶与人之间发生的关系也还是单向度的，茶品与人品的互相比拟也仅是存在于苦心孤诣寻找出来的表面相同。那么，我们便有充足的理由认为，在明代的瀹茶过程中，有过做茶体验的文人和茶之间终于有了极为深入的交通、互动。毕竟，从饮茶的习俗方面来讲，唐代斗茶斗的是输赢，收获的是荣辱，人在茶外；而有明瀹茶注重的是提升、肯定与慰藉，人在茶内。因此，明人对茶的拔高书写，其最直接的目的就是标榜“吾道不孤”。尤其是在茶文小品中，多数明人都表达了一种对“茶罢人现”（即通过饮茶，反观自我）的追求，并深刻检讨了人走茶凉的薄情寡义。明人还认为茶的全部精神、奥妙最直观的体现，就是茶与人的亲密无间，是茶品和人品的终极统一。比如，明代狂人徐渭在其手书《煎茶七类》一文中虽也列举了有关煎茶的七大注意事项，而其首重自当非“人品”一项莫属，是以其开篇即谓：“煎茶虽微清小雅，然要领其人与茶品相得，故其法每传于高

[1]［2］沈德符撰：《万历野获编》，中华书局 1959 年版，第 799 页、第 850 页。

流大隐、云霞泉石之辈、鱼虾麋鹿之俦。”[1] 无独有偶，明人周履靖更是仿晋代刘伶《酒德颂》而成《茶德颂》一文，曰：

有嗜茶茗友，烹瀹不论朝夕，沸汤在须臾；汲泉与燎火，无暇蹑长衢。竹炉列牖，兽炭陈庐；卢仝应让，陆羽不知。堪贱羽觞酒觚，所贵茗碗茶壶；一瓯睡觉，二碗饭余。遇醉汉渴夫，山僧逸士，闻馨嗅味，欣然而喜。乃掀唇快饮，润喉嗽齿，诗肠濯涤，妙思猛起。友生咏句，而嘲其酒糟；我辈恶醪，啜其汤饮，犹胜啮糟。一吸怀畅，再吸思陶。心烦顷舒，神昏顿醒。喉能清爽而发高声，秘传煎烹瀹啜真形。始悟玉川之妙法，追鲁望之幽情。燃石鼎俨如翻浪，倾磁瓯叶泛如萍。虽拟《酒德颂》，不学古调咏螟蛉。[2]

从上述文字中可看出，所谓“茶德”，首先是从人的美德中引申出来的，“我辈恶醪，啜其汤饮，犹胜啮糟。一吸怀畅，再吸思陶。心烦顷舒，神昏顿醒”，这其实是在说明，茶与我辈正是同道中人，故能德行相类、行事相仿。所以，无论是“醉汉渴夫”，还是“山僧逸士”，他们只要内德相通，就能“闻馨嗅味，欣然而喜”。可见，茶德不是凭空捏造之物，而是确有实指，并直接体现出明人的人情好恶和情之所钟。而这种纯以瀹茶之法而生发的茶德，甚至“卢仝应让，陆羽不知”，亦足见出明人对其饮茶之法的誉美和对明代茶文学、茶文化乃至茶道思想水准的自信。

随着大明王朝从全盛走向衰落，特别是到了江河日下的晚明时期，明代小品文中即使仍不乏清词丽句涌现，但卒读之下仍不禁让人联想到大明江山在当时所笼罩着的沉沉暮气。及至清兵入关，晚明小品文的作者更沦为旧朝遗民，其所写文章更是被注入了一种强

[1] 徐渭撰:《徐渭集》，中华书局 1983 年版，第 1146 页。
[2] 周履靖：《茶德颂》，收入陈梦雷编撰，蒋廷锡校订：《古今图书集成》，文星书局（台北）1964 年版，第 87 册，第 184 页。

烈愤懑又无可奈何的遗民心态。但凡经历过亡国之痛的人，大抵都会对世界、对家国、对个人产生一种回顾和评判，以亡国之日为断限，他们的人生被显明地分割为两个完全不同的部分，前之自己好像已经能够盖棺定论，而后之自己却依然前途未卜。正所谓世上之事通常都会有使人遇到后便仿佛受到鼓舞而心生勇气，但时移世易、人心难料，若有机会移时重观之，势必也会有使人思之再三而觉抱憾无常之处；世间之人通常也会有使他人了解之后仿佛见到偶像而心怀敬佩，但时空转换过后，当再度回首而观之，势必也会有使人忆之思之而不断叹惋的地方。归根结底，不管是泣笑歌哭，都是人之常情；不论是兴怀感伤，也都是常情之所作为；至若生死衰荣之事，也都无法逃脱命中注定之数。亡国之人更是会深有体会，大洒脱与大悲凉，从来都是相隔一线，如影随形。这种遗民心态在茶文小品中亦不时有所流露，从而形成晚明茶文的一大特色。这其中，对此贡献最大的当属晚明时期颠沛流离、才华横溢的饱学之士张岱，他的遗民文集《陶庵梦忆》中就存有多篇此类茶文，诸如《禊泉》《兰雪茶》《阳河泉》等，都可看成是茶文小品中的名篇佳作，其中叙事与抒情完美结合、情辞俱佳的一篇是《闵老子茶》，其文为：

周墨农向余道闵汶水茶不置口。戊寅九月至留都，抵岸，即访闵汶水于桃叶渡。日晡，汶水他出，迟其归，乃婆娑一老。方叙话，遽起曰：“杖忘某所。”又去。余曰：“今日岂可空去？”迟之又久，汶水返。更定矣。睨余曰：“客尚在耶，客在奚为者。”余曰：“慕汶老久，今日不畅饮汶老茶，决不去。”汶水喜，自起当炉。茶旋煮，速如风雨。导至一室，明窗净几，荆溪壶、成宣窑瓷瓯十余种皆精绝。灯下视茶色，与瓷瓯无别而香气逼人，余叫绝。余问汶水曰：“此茶何产？”汶水曰：“阆苑茶也。”余再啜之，曰：“莫绐余。是阆苑制法，而味不似。”汶水匿笑曰：“客知是何产？”余再啜之，曰：“何其似罗岕甚也？”汶水吐舌曰：“奇！奇！”余问：“水何水？”曰：“惠

泉。”余又曰：“莫绐余，惠泉走千里，水劳而圭角不动，何也？”汶水曰：“不复敢隐。其取惠水，必淘井，静夜候新泉至，旋汲之。山石磊磊藉瓮底，舟非风则勿行，故水之生磊。即寻常惠水，犹逊一头地，况他水邪！”又吐舌曰：“奇！奇！”言未毕，汶水去。少顷持一壶满斟余曰：“客啜此。”余曰：“香扑烈，味甚浑厚，此春茶耶？向瀹者的是秋采。”汶水大笑曰：“予年七十，精赏鉴者无客比。”遂定交。[1]

这篇文章，即使放在张岱的所有特色鲜明的小品文中也属奇文。带着对旧朝的留恋，同时，也是对旧之自我的救赎。张岱的茶文塑造出了一个追慕风流高雅的自我形象，这个新的自我与其过去简直判若两人。张岱曾在其《自为墓志铭》中这样评述自己的前半生及余生：“少为纨绔子弟，极爱繁华，好精舍，好美婢，好娈童，好鲜衣，好美食，好骏马，好华灯，好烟火，好梨园，好鼓吹，好古董，好花鸟，兼以茶淫橘虐，书蠹诗魔，劳碌半生，皆成梦幻。年至五十，国破家亡，避迹山居，所存者破床碎几，折鼎病琴，与残书数帙，缺砚一方而已。布衣蔬食，常至断炊。回首二十年前，真如隔世。”[2]通过对比，可以看出，在张岱的前半生中，“茶”也被归在了奇技淫巧的一类事物中，那时饮茶也仅仅停留在“茶淫”的阶段，胡吃海喝，唯知安乐。而二十年后，也即“甲申巨变以后”，明亡清兴，张岱却只能“悠悠忽忽，既不能觅死，又不能聊生，白发婆娑，犹视息人世”[3]。在这种境况下，茶却成了张岱最好的朋友，与“折鼎病琴”“残书数帙”成为他平日不可或缺的精神寄托。所不同的是，茶常能与友人（包括闵老子等精通茶艺之人）分享，进而谈茶论道，而“书、鼎、琴”却只能留给自己，在寂寞悲苦中

[1] 张岱撰：《陶庵梦忆 • 西湖梦寻》，上海古籍出版社 1982 年版，第 24—25 页。
[2] [3] 张岱著，云告点校：《琅嬛文集》，岳麓书社 1985 年版，第 199 页。

叹息人生。因此，张岱茶文所论茶理，其实都是人道天理，正如其在《茶史序》一文中再次详述了他与闵老子的相识定交经过之后所言，其作茶文无非就是想“使世知茶理之微如此，人毋得浪言茗战也”[1]。如此，也就能深得茶理，而不枉人之倏忽即过的一生了。

五、有清一代茶文传道的疲敝

甲申之后，随着社会逐渐由动乱重新归于安定，人们对于茶的理解也相应发生了变化。但从总体上看，清代茶俗并没有出现如明代一样的革命性进展，而是一仍明旧，瀹茶已经成为文人士大夫的唯一偏爱，尤其成为文化人自我高雅品味的一种标榜，并常常流露于清人的文章、文字当中。然而，清人饮茶相较于明人饮茶，虽然高雅有余，比如许多文人甚至自筑茶园、茶寮，更对饮茶的环境十分讲究，但是由于明清易代的冲击，汉族士人在失去统治权的同时，也会被一种自卑情绪所感染而逐渐失去昂扬的斗志，投射在饮茶方面，则表现为茶中常常有所寄寓的远大理想和宽阔胸襟的失去[2]。因此，有清一代的文人常常是为了饮茶而饮茶，以至即使将茶写入文章，他们往往关注的也只是饮茶的小情调，比如性好茶饮又擅作文章的代表性文人李渔和袁枚，就很能反映出清代文人以文论茶的狭隘心胸。在二人的名著《闲情偶寄》和《随园食单》中，都有对饮茶喜好和茶文化的精致体察，但他们的体察也仅仅停留在了茶事审美的表层。李渔尝言：

凡制茗壶，其嘴务直，购者亦然，一曲便可忧，再曲则称弃物

[1] 张岱著，云告点校：《琅嬛文集》，岳麓书社1985年版，第35页。
[2] 参见陈瑜：《文人与茶》，华文出版社1997年版，第32页。

矣。盖贮茶之物与贮酒不同，酒无渣滓，一斟即出，其嘴之曲直可以不论。茶则有体之物也，星星之叶，入水即成大片，斟泻之时，纤毫入嘴，则塞而不流。啜茗快事，斟之不出，大觉闷人。直则保无是患矣，即有时闭塞，亦可疏通，不似武夷九曲之难力导也。[1]

此段虽未直接谈茶，但却从一个侧面讲到了茶具的审美问题。在李渔眼里，茶具的使用首先是为了饮茶的方便，所以茶具从其设计发明之始，就必须充分考虑到茶的特点，也就是茶与酒的不同，切不可以酒器的标准而制作茶具。这其实是一种偏实用的茶具的审美角度，当然仅仅有了实用价值，还称不上完美，最重要的是，茶具一定要有助于“啜茗快事”，说明在李渔心中，艺术与实用的和谐统一，才是茶道或曰饮茶体验的精华所在。袁枚也说：

欲治好茶，先藏好水，水求中冷惠泉，人家中何能置驿而办。然天泉水、雪水力能藏之，水新则味辣，陈则味甘。尝尽天下之茶，以武夷山顶所生，冲开白色者为第一。然入贡尚不能多，况民间乎！其次，莫如龙井，清明前者号莲心，太觉味淡，以多用为妙。雨前最好一旗一枪，绿如碧玉。收法须用小纸包，每包四两放石灰坛中，过十日则换古灰，上用纸盖扎住，否则气出而色味全变矣。烹时用武火，用穿心罐一滚便泡，滚久则水味变矣，停滚再泡则叶浮矣。一泡便饮，用盖掩之则味又变矣，此中消息，间不容发也，山西裴中丞尝谓人曰：余昨过随园，才吃一杯好茶，呜呼！[2]

显然，袁枚持论与李渔颇为相似，在娓娓道来中，袁枚不但于名茶多有鉴赏和评论，而且还大谈特谈了以“石灰坛”藏茶之法和

[1] 李渔：《李渔全集·闲情偶寄》，浙江古籍出版社 1987 年版，第 221 页。
[2] 袁枚著，别曦注译：《随园食单》，三秦出版社 2005 年版，第 271—272 页。

以“好水”治茶的详细步骤，正所谓“食不厌精，脍不厌细”，好茶亦是通过精细的制作，才能呈现出其与众不同之处。由此可见，对于鉴茶、辨水、候火、沏泡等一整套茶艺，袁枚都堪称行家里手。他所倡导的饮茶生活的精致和精细，当然并不是指单纯品尝到茶之鲜爽纯正的滋味后就止步不前了。对于袁枚这样一个耽于闲适文人来说，精致的生活里还包含一种精神层面的美学追求，即把品茶当成一种高尚的精神享受，一种文化艺术方面的修养[1]。同时，借助于《游武夷山记》，袁枚还对茶的生长环境给予了足够重视，如其言：

凡人陆行则劳，水行则逸。然山游者，往往多陆而少水。惟武夷两山夹溪，一小舟横曳而上，溪河湍激，助作声响。客或坐，或卧，或偃仰，惟意所适，而奇景尽获，洵游山者之最也。……嘻！余学古文者也。以文论山，武夷无直笔，故曲；无平笔，故峭；无复笔，故新；无散笔，故遒紧。不必引灵仙荒渺之事，为山称说；而即其超隽之概，自在两戒外别竖一帜。[2]

短短数语，袁枚对传统茶山之美发出了由衷的赞叹。特别是在文末，袁枚借文论山，见解独到，叠翻新意。有意无意间，袁枚已是在用一种文学审美的眼光来看待茶山，这说明茶山之美与文学的语言文字之美是有一定的相通之处的。比如文学中的“无直笔”与茶山之“曲”，“无平笔”与茶山之“峭”等，就具有相似的美学特质。只可惜，袁枚的赞叹也仅仅停留在了对浅层之美的发现和举例说明上，虽说他部分看到了茶或茶山之美的怡情悦志之功，但却没

[1] 参见胡长春：《袁枚与茶》，《农业考古》1994 年第 4 期；唐君红：《品禅宗美学，赏茶禅文化之怡乐——以清朝诗人袁枚为例》，《福建茶叶》2016 年第 12 期。

[2] 袁枚：《游武夷山记》，收入袁枚著，王英志主编：《袁枚全集 • 小仓山房文集》（第二集），江苏古籍出版社 1993 年版，第 521 页。

有将此升华为对道的一种全新表述，仍旧没有完全摆脱自入清以来所形成的那种以实用主义为出发点的茶事审美惯性。

除了李渔和袁枚的茶文，在清代留传下来的诸多茶散文中，还有很多文章涉及了对外贸易和茶税的相关内容，这在茶史研究上具有独一无二的历史文献价值[1]。例如曾国藩的《议定徽宁池三府属庄茶引捐厘章程十条》、丁日昌的《查堪台北硫磺樟脑茶叶情形疏》、张之洞的《购办红茶运俄试销折》等，这类文章所言已不再注重茶文化和茶审美，而是从国之大事的角度，以茶为证论述了清末士大夫在国难日深的情况下，企求变法图强、重整朝纲的对策框架。从中亦可看出，清末文人已经无暇顾及茶的精神境界，而是完全在忧患意识的支配下专注于茶的实务，茶道和茶文化在清末的沦落已成为不可避免的趋势。正如清政府在近代的茶叶贸易中逐渐败下阵来，晚清的茶文化也呈现出一番悲凉的晚景。晚清人虽然也嗜茶、喜茶，但大多是出于一种生活习惯使然，而对茶之形而上的滋味则不甚了了，即使当时最优秀的文人对此也是十分吝啬笔墨。有关这一点，在曾国藩和曾国荃兄弟之间的往来尺牍中体现得最为明显。同治九年，曾国藩常驻河北保定直隶总督署，曾国荃信告其兄言：“弟宅因叶亭北来之便，寄呈细茶一箱，曝笋一箱，乞查收。二味似可口之至，但不知到保定其味如常否？”[2]不久，曾国藩回金陵，三任两江总督。同治十年三月初十，曾国荃再次信告其兄言：“白芽茶仍极昂贵，昨乃觅得上谷雨前芽茶不满二十斤，悉数寄呈，请尝试之，倘再得更佳于此者，又可遇便寄呈。兹因督销局解饷来金陵之便奉上，此茶二篓，祈留上房用。”[3]由此看来，曾国藩的用茶数量十分巨大，茶似乎早已是曾氏兄弟须臾不可离开之物。只是

[1] 参见王力：《清末茶叶对外贸易衰退后的挽救措施》，《中国社会经济史研究》2005 年第 4 期。

[2] [3] 曾国荃著，梁小进主编：《曾国荃全集》（第 5 册），岳麓书社 2006 年版，第 310—311 页、第 342 页。

他们在频繁地品茶啜茗之后，却不再有谈论茶道的兴致了，而仅仅满足于对茶之滋味的特殊需求。偶有一次例外，曾国荃在又一次寄给曾国藩的信中，对其所寄之茶叶做了一番解释：

昨鲁秋航来此辞行，云将赴金陵，弟是以托寄茶叶二篓，其小篓六斤，系蓝田家园厚味细茶。其大者十一斤，乃永丰之名品也，是否合常年色片口味，一试便知。罗研生来城托寄新刊《楚南文征》《湖南文征》一箱，计十套，亦乘鲁便带呈。研意在求序，似不能不有以应之。……册内之文未曾翻阅，而刊刻极精，似亦可爱，其味当如家乡细茶之永与否，尚未可知，俟大序到日，楚南人自无不信矣。[1]

曾国荃称“永丰之名品”曾国藩“一试便知”，可见曾国藩尤其精于品茶之道。“是否合常年色片口味”，进一步说明曾国藩一直是喝永丰细茶。而《楚南文征》《湖南文征》“其味当如家乡细茶之永与否”句，更把永丰茶之味与好书、好文章之味相提并论，也从一个侧面看出曾国藩对永丰茶的痴迷[2]。然而，曾国荃并没有就此深入下去，去发掘茶与文章更为精妙的相通之处，当然也就无助于茶道与文道在清代的统一和深化了。

总而言之，茶赋、茶散文的发展历程与中华文章的发展历程是一脉相承的，并深受文章文体流变的影响。比如，汉魏时期以赋为主要文体，茶赋因而成为茶文化的主要文字载体；唐宋时期，文备众体，茶赋、茶散文也富于变化，体裁多变，情质俱佳，至于其中的情感寄托和思想表达，更是与唐宋以来形成的“文以载道”思想

[1] 曾国荃著，梁小进主编：《曾国荃全集》（第5册），岳麓书社2006年版，第345—346页。

[2] 参见陈先枢、汤青峰、朱海燕著：《湖南茶文化》，中南大学出版社2009年版，第634—643页。

及其变迁相吻合；明清时期，小品文已经完全取代赋，成为散文的主导力量，其私密化的写作，更隐含着不可言说的内心幽曲，茶之小品文亦是如此。而随着古文发展日趋式微，茶道和茶文化在古文中的表现，也已经前途黯淡，成为要么点缀升平，要么呼吁改革的佐证之一，而失去了其原本远离尘世、特立独行的精神气质。这一切，都在预示着一种新文化的诞生和一个新时代的到来，茶在古文的表现中走到了尽头，并不代表茶文化和茶道走到了尽头，相反，这正是积蓄着茶道和茶文化勃兴的力量。随着新体文章、新诗和新时代文人的大量涌现，茶定会为新一代知识分子所激赏，茶之新式文章、新体诗也将大放光彩。

第四章

作为小说叙事关键词的『茶』

从庄子的“饰小说以干县令，其于大达亦远矣”[1]开始，“小说”这种文体就渐次为人们所知悉，但却远未引起人们的重视。即使明白通达如庄子一样，擅长以谬悠之说、荒唐之言、无端崖之辞著书立说，也仍然抱有小说文体实难登大雅之堂的一偏之见，所以，他才会断定小说似乎除了“其于大达亦远矣”的特点之外，已很难再有更为贴切的概括了。此种偏见持续了相当长的时间，直到东汉班固，才对小说文体和小说家有了进一步认识，他指出:“小说家者流，盖出于稗官。街谈巷语，道听途说者之所造也。孔子曰:‘虽小道，必有可观者焉，致远恐泥，是以君子弗为也。’然亦弗灭也。闾里小知者之所及，亦使缀而不忘。如或一言可采，此亦刍荛狂夫之议也。”[2]显然，班固对于小说文体的认识是有着相当大的进步的，虽然他仍然持有“小说”实乃“小道”观点，但他同时也借由孔子之口做出了小说“虽小道，必有可观者焉”这样较为中肯的评价，说明在班固心里，小说虽小却也并不是一无是处，而是自有其存在的价值。班固可能比现代人更加懂得“存在即合理”的道理，同时，他也看到了小说或可有补于正史，或可反映人心之所向的重要作用。其后，钱锺书对班固观点的语焉不详和遮遮掩掩做了一次全面总结和重大提升，将其概括为“夫稗史小说，野语街谈，即未可凭以考信人事，亦每足据以觇人情而征人心，又光未申之义也”[3]。

[1] 语出《庄子·外物》篇，见陈鼓应注译:《庄子今注今译》，中华书局1983年版，第747页。

[2] 语出《汉书·艺文志》，班固著，颜师古注:《汉书》，中华书局1962年版，第1745页。

[3] 钱锺书:《管锥编》，生活·读书·新知三联书店2014年版，第443页。

意在言明，小说具有可观的文化价值以及源于现实世界真实的不朽意义。

综观上述言论，钱锺书虽然更为明确了小说的重要性，但是这种观点仍然停留在对中国古典小说较为保守的探讨层次上。钱锺书也许早就看到了小说作为一种文体在现当代文坛不可撼动的霸主地位，今天我们已经很难想象没有小说的文学世界究竟会呈现一番什么景象。更加难以想象的是，一个重要的作家如果没有一部大部头的小说作品问世，那么他将会面临怎样的尴尬、受到多少质疑其文学创作能力的目光。当然，成为一个优秀的诗人与做一名出色的小说家之间并不矛盾，今天许多知名作者甚至都是诗歌和小说创作兼擅的，但这也并不妨碍小说的影响力呈现指数级增长，从籍籍无名的“小道”之所作为，而一跃能成为与正统文学领域里的诗歌并驾齐驱的一大类文体，小说经历了重大蜕变。事实上，即使在古典小说时期，小说所反映的内容也不只是钱锺书所说“考信人事”及“觇人情、征人心”这样简单。一种新式的小说理论认为，海德格尔在《存在与时间》中分析的所有关于存在的重大主题，在众多古典小说中其实都已被揭示、显明、澄清。从现代的初期开始，小说就一直忠诚地陪伴人类。它也接受到“认知激情”（被胡塞尔看作欧洲精神之髓）的驱使，去探索人的具体生活，保护这一具体生活逃过“对存在的遗忘”，并让小说永恒地照亮“生活世界”。因此，正是在这一意义上，我们便可以相信：发现唯有小说才能发现的东西，乃是小说唯一的存在理由。一部小说，若不发现一点在它当时还未知的存在，那它就是一部不道德的小说。知识是小说的唯一道德[1]。

[1] [捷克] 米兰·昆德拉著，董强译：《小说的艺术》，上海译文出版社 2004 年版，第 5—7 页。

同样的道理，涉茶小说也不只如实反映出了其固有时代的茶文化现象，同时也反映出了属于那个时代的人之存在与时间的种种内在关系，从中亦能窥见独属于茶的那片隐秘天空下的真实存在，包括常常被人忽略或是未曾引起密切注意的诸种社会和人心的现实。比如在魏晋的志人志怪小说中，茶的出现与当时盛行的求仙访道之风就渊源甚深。人们之所以会如此向往山中寻茶的事迹，或是渴望成为那个就是在山中与茶相伴的隐士或仙人，就与当时社会的动乱不安以及在这种不安形势下所生成的士人心态和文化心理不无关系。宗白华说过“汉末魏晋六朝是中国政治上最混乱、社会上最苦痛的时代，然而却是精神史上极自由、极解放，最富于智慧、最浓于热情的一个时代”[1]，正是在这个精神最为自由的时代，才产生了《列异传》《笑林》《钱神论》《博物志》《搜神记》《西京杂记》《神仙传》《语林》等形式各异的小说以及在这些小说中被屡次描绘的茶之艺术形象。到了唐宋时期，社会动乱虽然可以告一段落，但却并不代表社会矛盾就会因此化解和消除，相反越是在表面安定的时候，就越是有冰山下的滚烫岩浆在翻腾，况且一切浮华繁荣，不过都是过眼云烟，其与萧条寥落之间的距离也不过是近在咫尺。所以，向往求仙访道与向往功名富贵等文人隐秘心态仍然不时搅动士风人心，茶在其中便担当了一个调停者的角色。当深处功名之中，人生为宦海绳索所羁绊，茶是再好不过的安慰剂和情感伙伴；当栖心世外桃源，精神正寻求获得大自由，茶则是最终的精神归宿和理想所在。凡此种种，也都得以在唐宋文人的茶小说中反映了出来。至于明清时期，随着文言小说逐渐演变成鸿篇巨制般的长篇白话小说，中国的古典小说也开始了其不断近现代化的历程，并在不同程度上接近于西方文学名著（主要是小说）的抒写高度，所以，这一

[1] 宗白华：《美学散步》，上海人民出版社 2005 年版，第 356 页。

时期的茶小说不但从立体的、全角度的方面反映出了当时的茶文化，更将当时社会的整体思考、集体智慧、审美风尚等熔铸一体，不断刷新出人们对于茶或茶道理解的深度和广度[1]。总体来看，不论文字简略的魏晋唐宋文言志人志怪小说，还是明清白话章回长篇或是短篇小说，其所能覆盖的茶文化和茶道内涵丝毫不逊于诗歌、散文等一类文体中的相应内容，甚至有过之而无不及。小说的优势就在于，除了能够运用文学陌生化的语言描述茶，包括采茶、制茶、饮茶等与茶相关的一系列人类活动，小说还能赋予茶一定的故事情节，并将这一故事情节与小说中的人物命运和性格特点相联系，从而使茶在一定程度上或范围内成为小说叙事的关键词和主题物，进而形成了一个全方位、多视角和多层次的茶文学形式[2]。再加上，小说文体本身还可以内嵌许多诗歌、散文等其他文体，所以，茶小说不但能部分复制茶诗、茶文中的茶形象和茶道精神要义，更能从对社会文化人生的全景式描摹、展示中发现有补于诗歌、散文之不足以表现的茶文化和茶道内容。而以上所有一切，都需要通过十分细致的研究才能对相关问题进行较为恰当的揭示。

一、自玄幻转向现实的存在悖论

在形成声势浩大的明清长篇叙事小说之前，小说也经历了其涓涓细流的发展阶段。魏晋志人志怪小说、唐宋传奇及志人志怪小说乃至明清笔记小说等，都不同程度地影响到了明清长篇章回小说的创作。可以说，当今对明清古典长篇小说所做的四大分类，即史传

[1] 参见胡长春：《丰富的茶礼茶俗　深邃的茶道茶情——中国历代小说中的茶事拾零》，《农业考古》2009 年第 2 期。

[2] 参见余悦：《茶卷浮尘诉性灵——茶事小说杂谈》，《农业考古》2002 年第 2 期。

小说、英雄传奇小说、神魔小说和人情小说[1]，其源头都可以追溯到魏晋唐宋时期。当然，明清涉茶小说的源头也同样可以追溯到这一时期，所以，要想彻底明了明清涉茶小说的来龙去脉，就有必要对魏晋唐宋的志人志怪茶小说做一简单梳理。

魏晋唐宋时期的大部分茶小说都保存在宋人李昉等奉敕编辑整理的大型类书《太平广记》一书中，其中的部分篇章或章节在宋人寓目之前早已进入茶圣陆羽的视野，并被《茶经·七之事》所一一罗列清楚。但是，以陆羽一人之力自然无法遍观魏晋以来的志人志怪小说，其所采择关于茶小说的部分也就不免挂一漏万。而陆羽之后，许多优秀茶小说也曾不断涌现，这也是陆羽未曾得见和未及研究的。即便如此，陆羽《茶经·七之事》中所体现出来的一些资料整理和研究方法，也是颇为值得借鉴的。首先，陆羽所列一些魏晋茶小说资料，大体上都遵循了一定的时间顺序，且基本遵循由志怪向志人的转变，这说明陆羽所采择的茶小说是逐渐由玄幻或幻想题材转向现实或写实题材的。关于这一现象，我们也可以这样理解，即早期的茶小说多掺杂神异一类的事迹，多少有点故弄玄虚的意味；而后期的茶小说则转向对于真人真事的发掘，突出了其中真实可信的成分。这种茶小说叙事的转变，也是符合人们对于茶之本质的认识历程的，从对茶的仙界之物特性的盲目崇拜，到对茶之日常品饮之物特性的强烈嗜好，茶在魏晋唐宋小说中经历了一个不可逆的叙事旅程。比如陆羽在《茶经·七之事》中就首先引用了《搜神记》里的一段记载：“夏侯恺因疾死，宗人子苟奴，察见鬼神，见恺来收马，并病其妻。著平上帻，单衣入，坐生时西壁大床，就人觅茶

[1] 这种针对明清长篇白话小说的划分，源于鲁迅的《中国小说史略》，这里稍作改变加入英雄传奇小说一类以代指《水浒传》《三侠五义》等类型的小说，其他小说类型仍遵循鲁迅原著的划分，史传小说主要指《三国演义》《东周列国志》等一类小说，神魔小说主要指《西游记》《封神演义》等一类小说，人情小说主要指《金瓶梅》《红楼梦》等一类小说。参见鲁迅著：《中国小说史略》，人民文学出版社 2005 年版，第 133—196 页。

饮。”[1] 一个已经因疾而死之人，在化鬼之后居然还要“就人觅茶饮”，足见其生前是多么喜欢饮茶以及茶饮在当时社会的普及。那么，魏晋时人为什么会突然迷上饮茶呢？在另外一些茶小说的叙事中，我们便能够找到答案。如魏晋志怪小说集《神异记》里的一则故事便这样讲述道：

余姚人虞洪，入山采茗，遇一道士，牵三百青羊，饮瀑布水。曰：“吾丹丘子也。闻子善茗饮，常思惠。山中有大茗，可以相给。祈子他日有瓯牺之余，必相遗也。”因立茶祠。后常与人往山，获大茗焉。[2]

同类型的小说文本还有刘敬叔所著小说集《异苑》里的一则关于“飨茗获报”的故事，其文为：

剡县陈婺妻，少与二子寡居，好饮茶茗。以宅中有古冢，每饮，先辄祀之。二子恚之曰：“冢何知？徒以劳祀。”欲掘去之。母苦禁而止。及夜，母梦一人曰：“吾止此冢三百余年，母二子恒欲见毁，赖相保护，又飨吾嘉茗，虽泉壤朽骨，岂忘翳桑之报？”及晓（“晓”原作“报”。据陈校本改），于庭内获钱十万。似久埋者，唯贯新。母告二子。二子惭之。从是祷酹愈至。[3]

上述两则故事，表现的都是同样一个主题，即茶与神仙及灵异事件的内在联系。在这两则故事当中，茶仿佛充满了神力，不但能够救人于困厄，甚至还可以促成一个较为理想的人世轮回。正因为饮茶可以带来许多的益处，茶才会逐渐在魏晋时期流行起来。可以说，茶从药用到饮用、从少人喜好到为众人所激赏的过程就是伴随

[1] [3] 吴觉农主编：《茶经述评》，中国农业出版社 2005 年版，第 198 页、第 200 页。
[2] 吴觉农主编：《茶经述评》，中国农业出版社 2005 年版，第 199 页；《太平广记》卷四百一十二“草木七”条“五谷茶荈附”则亦收录了此则故事。

着有关茶的这类神异故事的不断传播而发展变化的。茶的每一个神异故事，无不都是取材于民间关于茶的种种传说，其所影响比之诗文就会更加直接，更容易为民间群众所接受，其受众也会比之诗文更广泛。即使是目不识丁的贩夫走卒，也能够轻松被来自民间又传播向民间的涉茶小说和故事所感染。细读这些茶小说，我们还可以发现，在魏晋神异故事类型的茶小说叙述中，其主人公几乎都是一些普通百姓，但他们的故事显然已经进入文人、学士的视野，他们的兴趣点和喜好也深深影响了当时文人、学士及上层社会的茶事审美倾向。试想，崇尚饮茶的魏晋士人对这些关于茶的神异故事应该是相当熟悉的，在他们饮茶的瞬间，他们必然会将自身与故事中的人物有所对应，或是想象自己成为故事中人，从而可以逃离现实世界的罗网，并去经历一番神异事件的传奇，获得在现实世界无法获得的内心安慰[1]。陆羽《茶经》和《太平广记》都收录的“广陵茶姥”的故事，就可以看成是魏晋士人此种心态的一个真实写照，如其言：

广陵茶姥，不知姓氏乡里。常如七十岁人，而轻健有力，耳聪目明，发鬓滋黑。耆旧相传云：晋之南渡后，见之数百年，颜状不改。每旦，将一器茶卖于市，市人争买。自旦至暮，而器中茶常如

[1] ［美］托马斯·福斯特在其所著《如何阅读一本小说》一书中阐述如下观点：“阅读小说可以让我们遇到另外的自己，也许是我们从未见过或不允许自己成为的那类人；可以让我们身处一些我们不可能去到或未曾关注的地方，又不必担心回不了家。与此同时，小说呈现出它自身的可能性：神奇的故事、自圆其说的把戏、对无论是轻信还是机警的读者都会产生的诱惑。”（见托马斯·福斯特著，梁笑译：《如何阅读一本小说》，南海出版公司 2015 年版，第 1 页。）这里是借用福斯特的这一理论观点，来阐释魏晋士人阅读志怪茶小说时的一种内心体验，以说明志怪类茶小说虽荒诞无稽，但其本质上仍然是魏晋士人一种真实的心理反映。

新熟，未尝减少。吏系之于狱，姥持所卖茶器，自牖中飞去。[1]

某种程度上，广陵茶姥的被无辜系狱就是魏晋时期社会混乱局面的一个缩影，而茶姥能借助于茶器的神力从狱中飞出，则暗示了逃脱束缚、追求自由解脱的成功尝试。正如陶渊明在《归去来兮辞》中所言："归去来兮，田园将芜胡不归？既自以心为形役，奚惆怅而独悲？悟已往之不谏，知来者之可追。"[2]魏晋文人已经深刻懂得了人生在世"心为形役"的悲哀，所以他们才会不断畅想悠游自在地飞去，广陵茶姥在这方面起到了很好的示范效应，而陶渊明则勇敢地迈出了自我实践的第一步。总之，魏晋志怪茶小说的主题，无不真实反映了魏晋士人的真实存在及他们的幽微心态，特别是再佐以茶香的衬托，更加凸显了魏晋士人渴慕飞升、崇尚自然的精神气质和理想追求，茶自然也有理由成为魏晋文学的重要组成之一，而被后人去进一步阐释。

其次，在魏晋时期的志人茶小说中，陆羽所采择主要突出了人物的名士风度及其与茶之仙品特质的契合，这也为后世志人茶小说的创作树立了标杆，成为后之志人茶小说一大永恒的主题。比如《茶经》所引《世说新语》中的任瞻下饮问茶一事，就是名士风度的最佳体现。其云："任瞻，字育长，少时有令名。自过江失志，既下饮，问人云：'此为茶？为茗？'觉人有怪色，乃自申明云：'向问饮为热为冷耳。'"[3]这是一个较为简略的版本，与《世说新语》中的全本比较起来，情节不是很连贯，所以理解起来是有一定困难的。其实，对照着《世说新语》的全本一读，所有问题都会迎刃而解。任瞻是魏晋时期少有的美男子，也是一位风流名士，在西晋时

[1] 吴觉农主编：《茶经述评》，中国农业出版社 2005 年版，第 201 页；《太平广记》卷第七十"女仙十五"条亦载。

[2] 袁行霈撰：《陶渊明集笺注》，中华书局 2003 年版，第 460 页。

[3] 吴觉农主编：《茶经述评》，中国农业出版社 2005 年版，第 200 页。

期备受尊崇，享受美誉和重用。但是，八王之乱起，西晋迅速瓦解，在少数民族的进攻下，西晋皇室被迫南渡过江，建立东晋。任瞻就经历了这一国家和人生的巨变，巨变中他从一个“有志”美男子，竟变成一介“失志”门客，虽也可以出入于名门大族的宴会，但他却再也没有了过江前享受人生巅峰的至乐体验，而是佯装癫狂、佯装痴傻，竟然在高雅的宴会之上询问早采之茶与晚采之茗的价值高低，很快他虽然发现自己语言的过失，希望再打个圆场，只是为时已晚也于事无补。从这一故事中，我们不难发现，任瞻作为名士的不通世故和自然可爱的一面，同时，我们也能看到名士在魏晋社会中的尴尬存在，要么保持清醒、阿谀奉承，似乎就能前程似锦；要么佯装痴傻、说些真话，但对改变现实却毫无作用，也只是徒增他人笑谈罢了。《茶经》所引《后魏录》中“琅琊王肃”的故事，也体现出了这一名士风度。“琅琊王肃，仕南朝，好茗饮、莼羹。及还北地，又好羊肉、酪浆。人或问之：‘茗何如酪？’素曰：‘茗不堪与酪为奴。’”[1] 一句“茗不堪与酪为奴”寓意甚丰，既包含对茶之特性的评价，又包含了先后出仕南朝、北朝的一段心路历程，就如同任瞻的南渡一样，王肃也经历了两段不同人生，但是他们对于茶的热爱都不曾改变，甚至以茶自喻、以茶明志。

《世说新语》中的“褚太傅”更是如此，其言“褚太傅初渡江，尝入东，至金昌亭，吴中豪右燕集亭中。褚公虽素有重名，于时造次不相识，别敕左右多与茗汁，少著粽，汁尽辄益，使终不得食。褚公饮讫，徐举手共语云：‘褚季野。’于是四坐惊散，无不狼狈”[2]。故事中，对褚太傅痛饮茗汁、惊散四座名士之举的描述，虽不免夸张，但也基本反映了名士生存的不易。魏晋名士不仅有外表光鲜、风流倜傥的一面，更需要在艰难的政治斗争中平衡各种关系、寻求

[1] 吴觉农主编：《茶经述评》，中国农业出版社 2005 年版，第 201 页。

[2] 见《世说新语》“轻诋”第二十六，收入刘义庆著，张万起、刘尚慈译注：《世说新语译注》，中华书局 1998 年版，第 835 页。

立足栖身之道。魏晋社会的残酷还在于，名士相对于普通人而言，虽然有着自身引以为傲的精英意识和贵族文化，但他们各自的生命和痛苦却比普通人更加不值一提。这无异于一个现代性的存在悖论，他们就像被日益专业化的社会渐趋分化的现代人一样，在魏晋朝代的频繁更替中，在那个事变迭起、命如草芥的疯狂年代，他们越是努力想逃脱疯狂、想逃脱现实生活的羁绊，就越是会不可避免地跌回更为疯狂和残酷的现实之中[1]。魏晋名士非常清楚自身的这一两难处境，所以，他们才会更加珍惜生命，更加对具有长生之效的茶情有独钟，而茶也自然成为他们在清醒异常的时候，其名士风度的一次集中的体现，更成为他们冷眼看社会人生的一扇绝佳窗口。另一方面，魏晋名士在短暂的人生面前，还时常表现出一种永不服输的精神，既然人生会时常处于被动和不自由当中，如褚太傅痛饮茗汁，显然是出于无奈甚至是外力的强迫，那么，就有必要采取一种及时行乐的态度，在不能延长生命长度的无奈之下而尽量增加生命的密度。从这个角度看，褚太傅痛饮茗汁，就像刘伶嗜酒如命一样，其本质上都是人类对自身命运的一种抗争；只不过不同的是，褚太傅越是痛饮越是清醒，而刘伶醉酒之后则情愿睡去永不再醒。

二、茶俗、茶礼、茶道的递进式发展

在魏晋志怪志人小说的基础上，唐宋时期的小说有了进一步发展。需要指出的是，虽然唐宋时期产生的小说，从类型上来讲，基本上是对魏晋志怪和志人两种文本写作倾向的模仿，但其所描写的具体内容和表现的思想情感却不尽相同，有着鲜明的唐宋时代特色

[1] 参见鲍曼著，范祥涛译:《个体化社会》，上海三联书店 2002 年版，《序言》第 1—4 页。

并深深烙上了唐宋时人的独特品格。在涉及茶及茶人、茶事描写的相关小说文本中，唐宋小说也有其独特的文本特征。总体上讲，唐宋志怪小说中的茶与魏晋志怪小说中的茶，表面上有着十分相似的形象，并搭配了更为神异的情节，可谓是魏晋志怪茶小说的加长版；而唐宋志人茶小说则较魏晋有较大发展，其所体现出来的唐宋茶人风貌与魏晋名士风度有着明显的区别。但是，在对人心、人性等主题的发掘上，唐宋志人茶小说也与魏晋志人茶小说一样，都有着慧眼独具的侧重点以及相对稳定的审美兴趣所在，从而终使二者在小说的精神内核方面形成了一定的继承关系。

首先，在茶的神仙气质和神奇效果方面，无论唐宋志怪小说，还是魏晋志怪小说，都存在着比较一致的认识。比如，在唐宋时期就流传着这样一个茶能令久病将死之人起死回生的故事，据《太平广记》卷三百六十三载：“刘积中，常于西京近县庄居。妻病亟，未眠，忽有妇人，白首，长才三尺，自灯影中出，谓刘曰：‘夫人病，唯我能理，何不祈我？’刘素刚，咄之。姥徐戟手曰：‘勿悔勿悔。’遂灭，妻因暴心痛，殆将卒，刘不得已，祝之。言已复出，刘揖之坐。乃索茶一瓯，向日如咒状，顾令灌夫人，茶才入口，痛愈。”[1]这一故事情节与魏晋时期流传的鬼怪亦喜饮茶的情节颇为相似，一个从灯影中冒出的鬼魂能指导凡人以茶救人，想必此鬼魂生前也是极好饮茶的。不只如此，即使是身处地府的判官、神仙，也都深深喜欢上了饮茶，甚至他们饮茶也需要遵循一定茶礼，其烦琐程度丝毫不比人间差。《太平广记》卷三百八十五就记载了这样一则故事，人间的命官崔绍因疾而死，但因其在人间多有功绩，所以死后在地府颇受优待，当地府鬼差将其执回地府时，他甚至还能与判官、神仙等一干地府官员“兼通寒暄，问第行，延升阶与坐，命煎茶。良久，

[1] 参见《太平广记》卷第三百六十三，妖怪五。收入李昉等编：《太平广记》，中华书局 1961 年版，第 2889 页。

顾绍曰:‘公尚未生。’绍初不晓其言，心甚疑惧。判官云:‘阴司讳死，所以唤死为生。’催茶，茶到，判官云:‘勿吃，此非人间茶。’逡巡，有著黄人，提一瓶茶来，云：‘此是阳官茶，绍可吃矣。’绍吃三碗讫”[1]。通常情况下，人们想象中的地府无非就是人间的一种镜像，地府的茶礼与人间的茶礼自然是出于同源。地府官僚体系中的人情世故以及黑暗腐朽自然也都是人间的如实写照和反映，茶礼的烦琐和僵硬与崔绍的“不该死而死”之间，虽然没有直接联系，但也足以反衬出崔绍的悲哀，生时无法逃离世间官僚体系，死后又落入同一个圈套。或许茶礼已经僵化世故，而茶依然清新爽口、悦志涤心，所以崔绍才会在地府中无所顾忌地连吃三碗，也算是为自己的一生画上了一个圆满句号。崔绍之爱茶悟茶虽不乏深刻，但也只不过是普通人的代表之一。

在唐代还有更多的高僧大德也对茶情有独钟，甚至是得到了死而复生的魏晋名士的点拨，于是就有了魏晋名士姚泓在唐代复生与唐之高僧坐而论道的故事。据《太平广记》卷二十九载，姚泓之所以能够起死回生与其喜好饮茶关系匪浅，泓言“吾不食世间之味久矣，唯饮茶一瓯”[2]，实已暗示茶早就与“世间之味”绝缘，也是在说明姚泓之绝迹于人间的缘由。而姚泓的这些思想都毫无保留地传给了唐代的一位得道高僧，足可见出唐人饮茶与追慕魏晋名士之间并不矛盾，而且还相辅相成。魏晋士人饮茶时想到了什么，唐代僧俗也会有相似的体悟，并通过大量描写与茶相关的神异故事情节表达出来。当然，唐人所广泛谈论的魏晋风度，并不等于魏晋时人所普遍认同的翩翩风度。唐人也有生老病死的人生痛苦，但他们的痛苦似乎也与魏晋时人不大一样。魏晋时人面对人生的无奈之举，

[1] 参见《太平广记》卷第三百八十五，再生十一。收入李昉等编：《太平广记》，第 3068 页。

[2] 参见《太平广记》卷第二十九，神仙二十九。收入李昉等编：《太平广记》，第 190 页。

要么寻求长生久视之道，要么及时行乐以示抗争，而唐人则显得更加积极主动，他们也许也会有“长恨此身非我有，何时忘却营营”[1]的感叹，但他们更加憧憬的理想境界则是“申管晏之谈，谋帝王之术，奋其智能，愿为辅弼。使寰区大定，海县清一”[2]，最后再“终与安社稷，功成去五湖”[3]。可以说，唐人在面对人生苦难时的奋发有为并非只是体现在口头上，而是充分体现在他们的行动中。即使是已经出家的僧人依然有着现世的关怀，他们出于普度众生的理想追求而广建寺庙、精研佛法并喜好与唐代士人交往共同追求进步的作为[4]，与唐代士人为追求“寰区大定，海县清一”而不惜犯颜直谏一样，都有着类似的企图——以一己之力而改变世界的心理诉求。所以，魏晋名士姚泓与大唐僧人的相遇并不只是一个无意义的偶然事件，而是具有一种深层隐喻。一方面，这一事件满足了人们喜好奇闻逸事的心理，赋予了茶一个可以起死回生的意象，如果再联系茶早已进入唐代寺庙成为唐代僧人日常品饮之物的历史事实，那么，茶的不死意象也就间接成了对唐代僧人整体形象的一个衬托，更加深了世人对僧人神秘、能力超群等一系列形象的认知。另一方面，魏晋名士姚泓与唐代僧人之间谈论的话题，并不仅仅局限于茶的神奇功效，而是由茶而扩展到了对历史、人生、政治等多重人间话题的谈论上，其中还满怀着对现实世界的不满和批判以及对理想世界的追寻。这又可说明，茶更能令人清醒。当唐代僧人与姚泓倾杯对饮、相谈甚欢之际，魏晋名士和僧人似乎都幻化成了唐

[1] 语出苏轼词《临江仙·夜饮东坡醒复醉》，收入邹同庆、王宗堂著：《苏轼词编年校注》，中华书局 2002 年版，第 467 页。

[2] 语出李白文《代寿山答孟少府移文书》，收入詹锳主编：《李白全集校注汇释集评》，百花文艺出版社 1996 年版，第 3973 页。

[3] 语出李白诗《赠韦秘书子春二首》，收入詹锳主编：《李白全集校注汇释集评》，第 1316 页。

[4] 参见李芳民：《佛宫南院独游频——唐代诗人游居寺院习尚探赜》，《文学遗产》2002 年第 3 期。

代士人，他们关心的不再只是茶的滋味，而是将茶以及饮茶的体验变成了一串表达社会理想的符号。

与此相应，唐宋两代的志人茶小说也有着明显的虽沿袭魏晋但又别具唐宋风格的特色。茶所能表现的名士风度，在魏晋时期呈现出一种乱世心态和自然无为理念的融合趋势，而在唐宋时期天下太平，士人不再有乱世思治的迫切愿望，取而代之的是不流于世俗、追求个性解放及自由、不因循守旧的内心渴盼，同时，唐宋文人还时刻准备在才学、情趣上超越魏晋，于是他们便不断发展出了花样翻新的饮茶程序和方法。《太平广记》卷二百一收录的唐兵部员外郎李约的故事便是一个典型的例证，其文曰：

兵部员外郎李约，汧公之子也。以近属宰相子，而雅爱玄机。萧萧冲远，德行既优。又有山林之致，琴道酒德词调，皆高绝一时。一生不近女色，性喜接引人物，而不好俗谈。晨起草裹头，对客蹙融，便过一日。多蓄古器，在润州尝得古铁一片，击之精越。又养一猨名生公，常以之随。逐月夜泛江，登金山，击铁鼓琴，猨必啸和。倾壶达夕，不俟外宾，醉而后已。约曾佐李庶人锜浙西幕。约初至金陵，于府主庶人锜坐，屡赞招隐寺标致。一日，庶人宴于寺中。明日，谓约曰："十郎尝夸招隐寺，昨游宴细看，何殊州中？"李笑曰："某所赏者疏野耳，若远山将翠幕遮，古松用彩物裹，腥膻涴鹿掊泉，音乐乱山鸟声，此则实不如在叔父大厅也。"庶人大笑。约性又嗜茶。能自煎。谓人曰："茶须缓火炙，活火煎。活火谓炭火之焰火也。"客至，不限瓯数，竟日执持茶器不倦。曾奉使行硖石县东，爱渠水清流，旬日忘发。[1]

[1] 见《太平广记》卷第二百一，才名（好尚附）。收入李昉等编：《太平广记》，第 1514 页。

此则故事中，兵部员外郎李约虽身居要职，但其名士风度却丝毫不减，其“雅爱玄机”“萧萧冲远”“又有山林之致”一点都不亚于魏晋名士，尤其是他性嗜茶、能自煎，则比之魏晋名士又前进了一大步。更难能可贵的是，李约还为我们留下了描述唐代煎茶之法的重要史料，他曾经谓人曰：“茶须缓火炙，活火煎。活火谓炭火之焰火也。”从中不难看出，李约乃是一个深得茶理之人，他对于茶性的认识已经达到了唐代的高水平行列，而他的“不限瓯数，竟日执持茶器不倦”，则更加说明了唐代名士对饮茶的依赖之深。表面上看，李约的各种异于常人的行为似乎都有蹈袭魏晋名士的嫌疑，比如李约的“多蓄古器”“又养一猨名生公”等，都极为荒诞不经，与魏晋名士“扪虱而谈”简直有异曲同工之妙。而李约好饮茶的习惯，似乎也与他模仿魏晋名士的行为如出一辙，有着异于常人的一面，或是可以看成是李约本人生活情趣的一种外在表现。更进一步讲，李约处处以魏晋名士风尚自诩，其内在隐含的更有一种影响的焦虑，即处处表现为超越魏晋名士的心态。然而，在行为荒诞、举止古怪方面，李约显然已经没有什么进步的空间，诸如“养猨”一类与“扪虱”实是区别不大。因此，李约便将大部分精力放在了进一步发展和改善饮茶的方式方法上，以图在这上面全面超越魏晋，达到陈子昂所谓“前不见古人，后不见来者”的地步。这样一来，茶就充当了以李约为代表的一类唐宋士人的内心安慰剂，象征着唐宋文化的一种自我感觉良好的优越之感，这毋宁说也是唐宋士人进取精神的委婉表达，其根本上与志怪小说中的茶之形象和情感指向不谋而合。

总之，在魏晋唐宋的志人志怪茶小说中，充斥着各式各样的茶文化范本，也反映出了人们对茶道的理解在此一时期所能达到的高度。小说文本的语言表现力很好地塑造出了茶在广大士人、百姓中的形象，同时也对茶俗、茶礼的推广，乃至饮茶时的所思所想，起到了良好的示范效应，促进了饮茶风俗的普及和由茶悟道层次的提升。

三、当茶与小说情节和人物形象密不可分

在经历了以文言文创作为主的志人志怪阶段后，中国古典小说的篇幅和语言都有了极大进步。首先，在文言短篇小说领域，明清时期出现了《剪灯新话》《聊斋志异》等集大成的文言短篇小说集，与魏晋唐宋的志人志怪小说比起来，此类小说中的作品已经融入了作者更多的创作心血，完全不同于魏晋唐宋之人在好奇心驱使下对新奇怪异事件无意识的简单描摹，而且明清文言小说家更具有小说创作和经营意识，并取得了很高的成就[1]。比如蒲松龄的《聊斋志异》，虽也有取材于民间鬼怪故事的痕迹，但是其中更有作者的精妙构思和深沉寄托，其情节的跌宕起伏，其语言的形象生动、精美整饬[2]，都是魏晋唐宋小说所不能比拟的。另外，在明清长篇章回小说大行其道之前，明清文人还从宋元话本中汲取营养，创作出了大量拟话本和白话短篇小说，其中有很多也都结集成册出版，并与白话长篇小说一起流行民间，比如明代的《清平山堂话本》、“三言二拍”等，清代李渔的短篇小说集《十二楼》《无声戏》等，就都集纳了诸多优秀的短篇小说作品，其成就虽远不及同时期的长篇小说，但不可否认，这中间仍然出现了诸多优秀篇章和难得一见的作品，它们的某些特长恐怕也是普通长篇小说所无从具备的。特别是在茶文化的形成和茶道的建立领域，明清时期的文言或白话短篇小说也都有所涉及，并相应贡献出了其所能贡献的力量。

作为形式和语言都十分完美的文言小说高峰，《聊斋志异》中的茶描写除了延续魏晋志怪特点，着重为茶编排出某些特异的事件

---

［1］［2］参见刘勇强、潘建国、李鹏飞：《古代小说研究十大问题》，北京大学出版社 2017 年版，第 254 页、第 55 页。

和传说之外，其最大的创举是将茶在小说中的地位进一步提升，使茶终于成为推动小说情节发展的不二之选，并十分注重对茶以及与茶相关的茶礼、茶俗的描写[1]，由此塑造出了个性鲜明、艺术特色突出且深入人心的人物形象。特别是，蒲松龄之所以会创作大量鬼怪小说之文，从来都不是出于对鬼怪事迹的好奇心，当然更不是出于对鬼神的迷信，也许作为落第才子的蒲松龄，其潜意识里根本就不相信世上真有鬼怪的存在。在蒲松龄的笔下，鬼怪神仙都是人间人物的缩影，人间的世界有多么邪恶和不堪，鬼怪的世界就会更甚之。所以，《聊斋志异》从来都不是麻痹自我、娱乐大众的休闲通俗之作，而是批判社会、鞭挞现实丑恶的严肃力作和寄托遥深的“孤愤之书”[2]。在这种创作初衷的驱使下，蒲松龄笔下偶有茶出现，也都具有显明批判现实的实际需要。比如《聊斋志异》卷一所载的一则题为《三生》的小故事，就很好地体现出了蒲松龄在创作涉茶文言小说时一贯的良苦用心。其云：“刘孝廉，能记前身事。与先文贲兄为同年，尝历历言之：一世为缙绅，行多玷。六十二岁而殁，初见冥王，待如乡先生礼，赐坐，饮以茶。觑冥王盏中茶色清彻，已盏中浊如胶。暗疑迷魂汤得勿此耶？乘冥王他顾，以盏就案角泻之，伪为尽者。”[3] 小说中的主要人物刘孝廉，虽为缙绅，但却行为多有污点，明显与“孝廉”之名不符，为此蒲松龄为了更加突出其品行不端，特地虚构出了他在地府耍小聪明，竟然怀疑冥王所赐之茶实为迷魂汤，因而佯装喝尽，实则倾泻地上。这几个一连串的与茶相关的人物动作描写，一下子就使得一个伪诈小人的形象跃然纸上。茶历来都是以君子的形象示人的，陆羽之“精行俭德”，皎然之“茶

[1] 参见王立、施燕妮：《〈聊斋志异〉中的饮茶礼俗及茶文化文献》，《蒲松龄研究》2016 年第 3 期。

[2] 参见陈炳熙：《论〈聊斋志异〉是孤愤之书》，《蒲松龄研究》2002 年第 2 期。

[3] 见《聊斋志异》卷一《三生》篇。收入蒲松龄著，朱其铠等校注：《全本新注聊斋志异》（全三册），人民文学出版社 1989 年版，第 75 页。

道”，无不都赋予了茶以美善品德；但蒲松龄却不然，反以茶去衬托小人的伪善，这说明茶之为物虽然滋味甚好、形象也佳，甚至多数情况下也能给人以熏陶，只是如何才能发现茶之美、欣赏茶之善，关键还要看人，一个伪善的人无论如何也不能领略茶的非凡滋味，当然也就更加不能理解茶道真谛。为了充分说明这种“得茶在人”（即能否理解茶之真味、真理，关键还要看人的品质和品行是否能够与茶的精神气质相契合）的观点，蒲松龄甚至不惜用关于茶的一则小故事去调侃名义上的“得道”高僧，于是我们就得以在《鸽异》这篇小文中看到一个既可笑又可悲的且“以茶得名”的灵隐寺僧人形象，其文为：

灵隐寺僧某以茶得名，铛臼皆精。然所蓄茶有数等，恒视客之贵贱以为烹献；其最上者，非贵客及知味者，不一奉也。一日有贵官至，僧伏谒甚恭，出佳茶，手自烹进，冀得称誉。贵官默然。僧惑甚，又以最上一等烹而进之。饮已将尽，并无赞语。僧急不能待，鞠躬曰：“茶何如？”贵官执盏一拱曰：“甚热。”此两事，可与张公子之赠鸽同一笑也。[1]

这则小故事构思极为巧妙，茶在整个故事中起到了贯穿小说主线的作用，可以说没有茶的前后串联作用，整个故事就是不完整的，故事的情节自然也就无法推进。虽然，茶在这则小故事中依然充当了一个不甚光彩的“角色”，其不再是世外仙草之姿，也没有了“道法自然”的深刻，而是纯粹成为俗世中称功邀赏的难得之物。在社会风气的影响下，即使是安居名山古刹修行的僧人也不例外，将茶作为向贵官进奉、谄媚的工具。可是僧人所献媚的对象恰恰也是一

[1] 见《聊斋志异》卷六《鸽异》篇。收入蒲松龄著，朱其铠等校注：《全本新注聊斋志异》（全三册），人民文学出版社 1989 年版，第 839 页。

个庸俗得毫无风雅可言的官员，“最上一等”好茶给他也只是留下了一个“甚热”的印象，不免闹出了一个天大笑话。在这样一则故事中，僧人虽然爱茶，也懂得珍藏上等好茶，但是，他却并不懂得茶的精神内核，更加不理解茶道。所以，僧人所有的品茶功夫都是流于表面的，其性质也不比那个四六不懂的官员高尚多少，甚至是更加恶劣。因为，官员毕竟没有将茶作为博取自身利益的工具，而僧人却只知道一味地利用茶的稀有物质属性。无疑，蒲松龄所讲述的上述两则关于茶的小故事都是发人深省的，他直指社会的痛处，对伪善的、不良的茶文化现象提出了严肃的批评，但是如果只有批评，而没有建立，茶文化或者更大范围来讲的人类社会生活就会永远停留在黑暗阶段而不会有任何进步。蒲松龄自然也是深知单纯批判的弊端的，为此，在批评之余，蒲松龄仍然不忘用另一个关于茶的小故事来塑造一个知错就改的典型，所谓亡羊补牢犹未晚也，如其《水莽草》一篇云：

楚人以同岁生者为同年，投刺相谒，呼庚兄庚弟，子侄呼庚伯，习俗然也。有祝生造其同年某，中途燥渴思饮。俄见道旁一媪，张棚施饮，趋之。媪承迎入棚，给奉甚殷。嗅之有异味，不类茶茗，置不饮，起而出。媪急止客，便唤：“三娘，可将好茶一杯来。”俄有少女，捧茶自棚后出。年约十四五，姿容艳绝，指环臂钏，晶莹鉴影。生受盏神驰，嗅其茶，芳烈无伦，吸尽再索。觑媪出，戏捉纤腕，脱指环一枚。女赪颊微笑，生益惑。略诘门户，女云：“郎暮来，妾犹在此也。”生求茶叶一撮，并藏指环而去。至同年家，觉心头作恶，疑茶为患，以情告某。某骇曰：“殆矣！此水莽鬼也！先君死于是。是不可救，且为奈何？”生大惧，出茶叶验之，真水莽草也。又出指环，兼述女子情状。某悬想曰：“此必寇三娘也！”生以其名确符，问：“何故知？”曰：“南村富室寇氏女夙有艳名，数年前误食水莽而死，必此为魅。”或言受魅者若知鬼之姓氏，求其故裆煮服可痊。

某急诣寇所，实告以情，长跪哀恳。寇以其将代女死，故靳不与。某忿而返，以告生，生亦切齿恨之，曰："我死，必不令彼女脱生！"某舁送之，将至家门而卒。母号涕葬之。遗一子甫周岁。妻不能守柏舟节，半年改醮去。母留孤自哺，劬瘁不堪，朝夕悲啼。一日方抱儿哭室中，生悄然忽入。母大骇，挥涕问之。答云："儿地下闻母哭，甚怆于怀，故来奉晨昏耳。儿虽死，已有家室，即同来分母劳，母其勿悲。"母问："儿妇何人？"曰："寇氏坐听儿死，儿深恨之。死后欲寻三娘，而不知其处，近遇某庚伯，始相指示。儿往，则三娘已投生任侍郎家，儿驰去，强捉之来。今为儿妇，亦相得，颇无苦。"移时门外一女子入，华妆艳丽，伏地拜母。生曰："此寇三娘也。"虽非生人，母视之，情怀差慰。生便遣三娘操作，三娘雅不习惯，然承顺殊怜人。由此居故室，遂留不去。女请母告诸家。生意欲勿告，而母承女意，卒告之。寇家媪翁，闻而大骇，命车疾至，视之果三娘，相向哭失声。女劝止之。媪视生家良贫，意甚悼。女曰："人已鬼，又何厌贫？祝郎母子，情意拳拳，儿固已安之矣。"因问："茶媪谁也？"曰："彼倪姓。自惭不能惑行人，故求儿助之耳。今已生于郡城卖浆者之家。"因顾生曰："既婿矣，而不拜岳，妾复何心？"生乃投拜。女便入厨下，代母执炊，供翁媪。媪视之凄心，既归，即遣两婢来，为之服役；金百斤、布帛数十匹，酒胾不时馈送，小阜祝母矣。寇亦时招归宁。居数日，辄曰："家中无人，宜早送儿还。"或故稽之，则飘然自归。翁乃代生起夏屋，营备臻至。然生终未尝至翁家。[1]

此则故事篇幅较长，描写的内容丰富，但其要表达的主旨却相对集中。主要讲述了楚人祝生在去拜访朋友的路上，遇到了被水莽

[1] 见《聊斋志异》卷二《水莽草》篇。收入蒲松龄著，朱其铠等校注：《全本新注聊斋志异》（全三册），人民文学出版社 1989 年版，第 179—180 页。

草溺死水中的鬼魂寇三娘，因贪图三娘美色，不由多喝几杯三娘奉上的茶水，可谁知这茶水竟都是水莽草变的，祝生因而中毒枉送了性命。祝生家中原本贫困，祝生一死，只留下了年迈母亲和年幼小儿艰难度日。而这一切都被身在地府的祝生看在了眼里，他不由怒火中烧，欲向同在阴曹地府的寇三娘寻仇。就在祝生鬼魂寻仇的过程中，故事情节又来了一个一百八十度的大转弯，原本因一杯水莽草茶结下的仇怨，却意外成就了一段地府佳缘，祝生和寇三娘最终走到了一起，而且，他们都对生前过往有了悔过心态。所以，他们毅然决定返回人间侍奉双亲，冀以微薄之力弥补生前罪过。至此，水莽草茶的故事情节戛然而止，而其留给人的思考却是耐人寻味的。起初，水莽草茶乃是冤魂寇三娘用来害人的工具，但随着其所串联起来的人鬼情缘的发展，茶又成了姻缘的见证，成为寇三娘和祝生悔过自新的直接推动力量。蒲松龄正是借着对茶在“水莽草”故事发展中的形象转变，表达出了他对茶文化的更深一层见解，即茶能害人亦能度人，而只有度人才是茶文化的核心，也只有度人才是古今茶道所值得坚守的永恒价值。

除了文言短篇小说的新成就和新发展，明清时期的白话短篇小说也是成绩斐然。在充分吸收宋元话本营养的基础上，明清文人融合其同时代的白话口语，改编了大量宋元以来的话本小说[1]。还有些明清文人，并不满足于改编既有宋元话本，而是通过模仿宋元话本的语言风格，创作出了大量拟话本，其内容虽假托宋元旧事，其实所写都是借古讽今的明清现实生活。通常情况下，话本和拟话本并不会被明清文人精细区分，而是统统将其结集成一册出版，以至今天我们已无从知晓到底哪篇是宋元旧作，哪篇是明清新创。因此，我们只能大体上将明清出现的白话短篇小说集统一视为明清文

[1] 参见刘勇强、潘建国、李鹏飞：《古代小说研究十大问题》，北京大学出版社2017年版，第119页。

人作品。其中，所出现的某些描写茶、涉及茶的优秀篇章，自然也都可视为明清文人饮茶生活的如实反映。例如，明代后期冯梦龙主编的“三言”中，就有一篇名为《王安石三难苏学士》的小说，讲的虽是王安石托苏东坡取瞿塘峡水来泡阳羡茶的故事，但其中也流露出了一些明人饮茶首重择水的审美倾向。据小说记述，苏轼有事路过三峡，当看到三峡的雄伟景色便开始构思《三峡赋》，于是就忘记了王安石所托“取瞿塘峡水泡茶”一事，直到过了瞿塘峡才想起来，便取了下峡水给王安石。结果王安石烹茶时一口便尝出了是下峡水，原来上峡味浓、下峡味淡、中峡浓淡之间[1]。总体上看，这个故事颇为神奇，也没有相关历史材料佐证，但无论故事真假，都可以看出宋人对茶艺的讲究，对泡茶之水的讲究，以及王安石品茶、懂茶、知茶。同时，明代人既然也津津乐道于此，说明明人也是基本同意王安石品茶择水的观点的，特别是王安石对于茶的深刻理解更是令明人佩服不已。

另外，在以“三言二拍”为主要代表的明清短篇小说集中，我们还能看到很多当时的茶事活动和茶俗描写。比如在《宋小官团圆破毡笠》一篇中，就载有“热茶煮在锅里，饮用时需用瓦罐子从锅里舀取，再用腌菜和冷饭吃”[2]的描写。此篇小说所讲主要是明正统年间之事，距离冯梦龙生活的年代并不久远，应当比较真实。这说明，即使在明代也依然留存有煮茶和以茶佐饭的习俗，从中亦能见出明人饮茶的随性。再比如，在明代凌濛初所著“二拍”初刻卷六中还有这样的记述：“春花送大娘吃了干卷，呷了一两口茶，便自倒在椅子上。”[3]这可以说是较早关于“茶点”的描写了，有别于正餐，茶点小食本来是一种不能登大雅之堂的食品，但是一旦与饮茶活动相关，便成为一种生活惬意的象征之物，那个“吃了

[1][2]冯梦龙撰：《警世通言》，中国画报出版社2015年版，第24—36页、第244—237页。

[3]凌濛初著：《初刻拍案惊奇》，中国画报出版社2015年版，第93页。

干卷，呷了一两口茶，便自倒在椅子上”的春花，其胸中虽无多少笔墨，但从她自身由内而外散发出来的那种幸福感来看，其与文人悟道的体验恐怕也没有什么差距而难分轩轾了。

总之，在明清时期的短篇茶小说里，我们能看到包罗万象的茶文化描写，其所涵盖的社会文化内容和所能达到的思想理论高度，也都是具有相当水准的。但是，不可否认，短篇小说因其篇幅限制，在表现茶文化和茶道的时候仍不免失于琐碎和不完整，这就需要长篇小说来弥补其不足。同时，也只有长篇小说这种文备众体的文学形式，才能最终将茶文化和茶道推向又一个新的高潮。

四、人物心理的刻画与“生而为人”的思索

随着明清文人逐渐对小说这一文学形式驾轻就熟，外加人们对于阅读较长篇幅故事的需求，长篇章回小说在明清应运而生，并很快成为“一代之文学”的最主要代表[1]。从《三国演义》开始，明清长篇小说领域先后出现了“四大奇书”，之后又流行“四大名著”之说，但其所指称作品都不出于《三国演义》《水浒传》《西游记》《金瓶梅》《红楼梦》等几部之外，说明这几部长篇经过历史的沉淀已成为公认的经典，足以代表明清以来长篇小说的最高艺术成就。与此同时，茶在这些小说中的形象，以及其中与茶相关的文化、人生哲理等主题内容，也逐渐在明清长篇小说里经历了一个由青涩稚嫩到臻于艺术完美的转变。据不完全统计，《三国演义》共120回，其中13回提到了茶，出现频率10.8%；《西游记》共100回，

[1] “一代有一代之文学”是王国维首先提出的概念，其在《宋元戏曲史·自序》中谓：“凡一代有一代之文学：楚之骚，汉之赋，六代之骈语，唐之诗，宋之词，元之曲，皆所谓一代之文学，而后世莫能继焉者也。”见王国维撰，叶长海导读：《蓬莱阁丛书·宋元戏曲史》，上海古籍出版社1998年版，第1页。

其中61回提到了茶，出现频率61%；而到了《红楼梦》，在全书120回中有98回提到了茶，出现频率81.7%[1]。出现频率的提高表明，明清长篇小说的作者对茶的兴趣越来越浓厚，他们因此也就会越来越多地思考与茶相关的诸多问题，包括如何通过茶引出小说情节、如何通过茶塑造人物以及如何通过茶表现茶道乃至人类关于“生而为人”的深度思索。

首先，《三国演义》中的“茶”虽然还比较少见，但其对于情节的发展还是起到了一定的作用。在第27回中，关羽的同乡僧人普净为了避免正护送二嫂逃离曹营的关羽遭小人陷害，便借初次见面理应向关羽献茶之机走到其面前，在一群小人的监视下，暗中给关羽送出了有埋伏的暗号。关羽对普净奇怪的举动更是心领神会，一面吩咐着“二位夫人在车上，可先献茶”[2]，一面已做好了迎敌准备。可见，茶在此情节中并非可有可无，而是起到了连接上下文的作用，并使前后情节的安排更趋于合理。普净如果不是灵机一动想到了献茶这一可接近关羽的方式，恐怕是不大可能成功送出情报的。另外，《三国演义》中的某些涉茶描写还有意强调了喝茶与言事之间的先后顺序，作为情节发展的需要，喝茶总是要先于言事发生的，或者说喝茶乃是言事的前提。在第38回就有“二人叙礼毕，分宾主落座。童子献茶。茶罢，孔明曰……”[3]这样的叙述，在第39回也有同样的文字，只不过此时茶罢言事的不是孔明，而是刘琦[4]。这些情节设置的反复出现表明，喝茶在引出谈论国家大事这些情节之前是不可或缺的铺垫，如果没有看似清闲散淡的喝茶之举，那么也就不大可能更加反衬出谈论军国大事时的紧张激烈。与《三国演义》中的情形类似，茶在《西游记》中也

[1] 赵国栋、于转利、刘华：《浅谈四大名著中对茶运用频率的差别及〈三国演义〉中的茶》，《蚕桑茶叶通讯》总第155期，第32页。

[2] [3] [4] 罗贯中著：《三国演义》，人民文学出版社1979年版，第239页、第330页、第339页。

对突出某些情节的发展多有裨益。比如在第五十九回“唐三藏路阻火焰山，孙行者一调芭蕉扇”一节就有以下描写：

行者见他闭了门，却就弄个手段，拆开衣领，把定风丹噙在口中，摇身一变，变作一个蟭蟟虫儿，从他门隙处钻进。只见罗刹叫道：“渴了！渴了！快拿茶来！”近侍女童，即将香茶一壶，沙沙的满斟一碗，冲起茶沫漕漕。行者见了欢喜，嘤的一翅，飞在茶沫之下。那罗刹渴极，接过茶，两三气都喝了。行者已到他肚腹之内，现原身厉声高叫道：“嫂嫂，借扇子我使使！”罗刹大惊失色，叫：“小的们，关了前门否？”俱说：“关了。”[1]

此段文字，一方面写出了妖魔鬼怪如铁扇公主者也都难耐渴极、喜好饮茶的生动情态，表明在千变万化的神魔世界里，不管是法力无边的神仙也好，还是神通广大的妖魔也罢，他们对于茶都没有丝毫免疫力，甚至难舍须臾，当然神魔世界里对茶的偏爱，客观上也对茶在人间社会的流行做了补充说明。另一方面，在这段精彩的叙事语言中，茶更成了孙悟空与铁扇公主斗智斗勇的一个重要见证，正是铁扇公主嗜茶，才使孙悟空最终发现了其自身防守的一个破绽，于是便引出了孙悟空得以钻入铁扇公主腹内这样一个充满奇思妙想的情节。足见出，茶在推动这一重要情节发展过程中的不可替代的作用，茶成就了孙悟空能够上天入地的神通及其具有浓郁华夏民族风格的英雄形象，因为，真正的英雄必然是一个民族和时代的理想化身[2]，茶和茶道作为中华优秀传统文化的代表，当然具有一种潜移默化的力量，影响并在一定程度上塑造孙悟空的形象。同时，茶还成就了《西游记》中一个十分引人入胜的故事情节，也成就了人

[1] 吴承恩著，黄肃秋注释：《西游记》，人民文学出版社 2005 年版，第 720 页。
[2] 参见刘勇强：《奇特的精神漫游——〈西游记〉新说》，生活·读书·新知三联书店 1992 年版，第 62 页。

们阅读的热情、增强了人们对于《西游记》这部神魔小说的喜爱程度。

其次，在《水浒传》《金瓶梅》等小说中，涉茶描写还成为塑造小说人物形象、标明人物性格、抒写人物心理、暗示人物命运的重要组成部分之一。在较为通俗的语境下，“茶为春博士，酒是色媒人”或是“风流茶说合，酒是色媒人”等一类民间谚语在长篇小说中极为流行，《水浒传》和《金瓶梅》中都多次出现了相关情节，而西门庆、潘金莲等一干重要人物的饱满形象，更是在两部小说中借由多次“吃茶”的情节充分展现了出来。比如《水浒传》中就有这样的描写：“西门庆得见潘金莲，十分情思，恨不就做一处。王婆便去点两盏茶来，递一盏于西门庆，一盏递与这妇人。说道：‘娘子相待大官人则个。’吃罢茶，便觉有些眉目送情。王婆看着西门庆，把一只手在脸上摸，西门庆心里瞧料，已知有五分了。”[1]同样，《金瓶梅》在类似的情节里，也将茶与人物的关系做了细致描写，其言：“西门庆见金莲有几分情意欢喜，恨不得就要成双。王婆便去点两盏茶来，递一盏西门庆，一盏与妇人，说道：‘娘子相待官人吃些茶。’吃毕，便觉有些眉目送情。王婆看着西门庆，把手在脸上摸一摸，西门庆已知有五分光了。自古风流茶说合，酒是色媒人。”[2] 在这两段文字中，其语言风格和表达方式虽略有差别，但却都突出了主要人物对茶的渴望，而茶之所以会令人欲罢不能并浮想联翩，与其背后所代表的通俗语言环境和世俗风气不无关联。茶就是人类情欲的一个隐秘象征，正因为有了茶，人类的情欲变得更加形象化，也更加突出了西门庆和潘金莲无视人间伦理道德、私欲膨胀、目无法纪的丑恶心理和表露在外的人物形象特征[3]。除此之外，茶在通

[1] 施耐庵著：《水浒传》，人民文学出版社 1975 年版，第 324 页。

[2] 兰陵笑笑生著，戴洪森校点，梦梅斋制作：《金瓶梅词话》，人民文学出版社 1992 年版，第 29 页。

[3] 参见刘学忠：《论〈金瓶梅〉与中国茶文化》，《阜阳师范学院学报（社会科学版）》，2002 年第 6 期。

俗语境下还表现为一种对贵族生活的崇拜或是向往，也体现出了庸俗贵族的一种审美情趣。在《水浒传》第90回，对宋江受招安后得封高官、享厚禄的生活做了一个简要描写，其中茶俨然成为贵族奢侈生活的代言，如其言“鳞鳞脍切银丝，细细茶烹玉蕊。七珍嵌箸，好似碧玉琉璃；八宝装匙，有如红丝玛瑙”[1]，这就是宋江从布衣转变为朝廷命官后的日常用度，强烈的反差给人一种宋江会迅速腐化堕落的印象，也暗示了宋江和一干水浒兄弟即将面临的悲惨遭遇。同样，在《金瓶梅》的第12回也借着天下第一帮闲应伯爵的言语，将茶与贵族奢侈生活联系了起来，如其言“这细茶的嫩芽，生长在春风下。不揪不采叶儿楂，但煮着颜色大。绝品清奇，难描难画。口里儿常时呷，醉了时想他，醒来时爱他。原来一篓儿千金价”[2]。这里的每一句话都透露出一种庸俗的贵族味道，可以说与应伯爵在小说中人物形象的设定十分吻合，这就相应使得应伯爵的形象更丰满、更加活灵活现和惹人深思。不止于此，在较为理想或者是审美化的语境中，《水浒传》和《金瓶梅》也为我们塑造了一个茶的美学形象，多少带点理想主义的色彩。比如在《金瓶梅》中就设置了“吴月娘扫雪烹茶”这样一节内容，吴月娘虽为一个庸俗妇人，但是她也偶尔会模仿文人雅士的“扫雪烹茶”之举，特别是她对于茶的讲究、对于水的讲究，还确实带有几番雅趣，说明至少在吴月娘一类俗人眼中，茶也不只是情欲的外露和奢侈的讲究，而是自有其内在的审美价值，自有一种精益求精的理想诉求。高雅不是谁的专利，而追求高雅、追求物质之外的精神境界，同样也可以成为在一般人乃至在文人雅士看来极其世俗（或称俗不可耐）之人的理想。所以，在《金瓶梅》第67回竟也出现了一首意境凄美的茶词（曲），其云“寒夜无茶，走向前村觅店家。这雪轻飘僧舍，

[1] 施耐庵著：《水浒传》，人民文学出版社1975年版，第1160页。
[2] 兰陵笑笑生著，戴洪森校点，梦梅斋制作：《金瓶梅词话》，第89—90页。

密洒歌楼，遥阻归槎。江边乘兴探梅花，庭中欢赏烧银蜡。一望无涯，有似灞桥柳絮满天飞下”[1]。寥寥数语，便将茶的高雅和内在之美表露无遗。在《水浒传》第4回我们也同样看到了一首如同佛偈一样的茶诗，简单的四句“打坐参禅求解脱，粗茶淡饭度春秋。他年证果尘缘满，好向弥陀国里游”[2]诗里，却蕴含了一定的真理，给人以启示。之后，《水浒传》第90回中的一大段文字，便为我们揭示出了此诗所要着重表达的内容，如其言：

供茶罢，侍者出来请道：“长老禅定方回，已在方丈专候。启请将军进来。”宋江等一行百余人，直到方丈，来参智真长老。那长老慌忙降阶而接，邀至上堂，各施礼罢。宋江看那和尚时，六旬之上，眉发尽白，骨格清奇，俨然有天台方广出山之相。众人入进方丈之中，宋江便请智真长老上座，焚香礼拜。一行众将，都已拜罢。鲁智深向前插香礼拜。智真长老道：“徒弟一去数年，杀人放火不易！”鲁智深默默无言。宋江向前道：“久闻长老清德，争耐俗缘浅薄，无路拜见尊颜。今因奉诏破辽到此，得以拜见堂头大和尚，平生万幸！智深和尚与宋江做兄弟时，虽是杀人放火，忠心不害良善，善心常在。今引宋江等众弟兄来参大师。”智真长老道：“常有高僧到此，亦曾闲论世事循环。久闻将军替天行道，忠义于心，深知众将义气为重。吾弟子智深跟着将军，岂有差错。”宋江称谢不已。有诗为证：

谋财致命凶心重，放火屠城恶行多。
忽地寻思念头起，五台山上礼弥陀。[3]

此段文字的开篇就有“供茶罢”三字映入眼帘，其后，虽没再过多涉及茶，但不可否认智真长老的一番语重心长的言论，肯定是

[1] 兰陵笑笑生著，戴洪森校点，梦梅斋制作：《金瓶梅词话》，第638页。
[2][3] 施耐庵著：《水浒传》，第54页、第1155页。

在饮茶之后发生的，其与茶能令人开悟的功能势必会有所联系。当然，智真长老作为《水浒传》中少有的智者或许是不需要任何开悟的，因为智真长老在其长期的与孤灯相伴、饮茶修心的生活过程中，早已具有了难以言说的、可领悟世间所有奥妙的大智慧并获得了德高望重的社会地位，他所要做的恰是去启迪水浒中的草莽英雄。其中，鲁智深内心的转变无疑为他的水浒兄弟做出了榜样，只可惜他身在富贵中的兄弟们，还依然没有察觉出他们所经历的不断打打杀杀的生活终有尽头，而他们战无不胜的好运气终将会被惨绝人寰的屠杀、陷害所取代。人生不正是这样喜怒无常且无法预判吗？明于此，也就能明了智真长老的良苦用心，他的劝谏没能阻止宋江等白日梦想家继续一味杀伐的行动，但却得到了某些具有慧根之人（如鲁智深）的理解，多一个人的理解就等于对茶之完美道德内涵的一次新诠释和再确认，也就同时向“茶道”成就苍生的终极理想又迈进了一步，这也许就是智真长老的大智慧和大慈悲所在。

五、茶小说的文本虚构及作者的真实

茶和茶道在小说中的表现终于达到令人望其项背和难以企及的高度，是通过曹雪芹创作的伟大著作——《红楼梦》才最终得以实现的。在《红楼梦》这样一部百年不遇的大书中，茶已经不再仅仅局限于利用某些情节的设置来表现小说中的虚构人物，而是可以触及并充分表现出小说人物命运的最终操控者——作者本人的情怀所寄和悟道体验。《红楼梦》中那个无处不在的“石兄”或是“空空道人”以及小说的评点者脂砚斋、畸笏叟等，在很大程度上都与其真正的创作者（小说中却故作狡黠地自称为编辑传世者）“曹雪芹先生”之间颇有渊源，以至我们即使将这样一部诞生于近代社会前夜的传统小说视为“元小说”或是“超小说”[1]之一种，都是无可厚非的。现代小说理论家还认为，“就小说时代的所有文学巨匠而言，我们可以毫不夸张地说，其主要的共性之处就在于他们对人物刻画所给予的特殊观照，而与这一观照密不可分的乃是艺术家依据其自身心理层面对人物进行的创造”[2]。根据这一理论，我们也可这样认为，《红楼梦》中所描写到的千百个形形色色的人物，其本质上都是小说作者曹雪芹自身心理层面在外界的投影，而《红楼梦》主要人物（如宝玉、妙玉、黛玉等）的爱茶、谈茶及悟茶的身体或心理活动同样能反映出曹雪芹对茶的一往情深以及他自己“以茶悟道”的真实经历和心得。众所周知，《红楼梦》是文人独立构思、全新创作的长篇小说典范，不同于《三国演义》《水浒传》《西游记》等世代累积型的小说（《金瓶梅》虽然可以看作文人独立创作小说的开端，但其故事的展开及发展趋势仍然是借助于《水浒传》的相关情节完成的，其在反映作者创作之用心方面较《红楼梦》要弱很多），《红楼梦》中的故事和人物都是全新的。在其之前，从来没有存在过任何可供曹雪芹择取的故事情节和人物形象，

[1] 元小说又称超小说，是关注小说的虚构身份及创作过程的小说。传统小说往往关心的是作品叙述的内容，而元小说更关心作者是怎样写这部小说的，小说中往往声明作者是在虚构作品，喜欢坦白作者是在用什么手法虚构作品，更喜欢交代作者创作小说的相关过程。这种叙述就是“元叙述”，而具有元叙述因素的小说就是元小说。（参见［美］托马斯·福斯特著，梁笑译：《如何阅读一本小说》，南海出版公司 2015 年版，第 3 页。）《红楼梦》开篇就点名小说的虚构因素，谓“假语村言”，又谓“真事隐去”，又说是顽石游历人间敷演出的一段故事，这些特征都较为符合“元小说”的这一定义。事实上，关注虚构、关心创作，就是观照作者自身，就是从文本的虚构观照人类本真的存在，小说在完成这一蜕变的过程中也将其自身从形而下的层次引向形而上的境界，完成了“小说—哲学（道）”的身份转换。在茶小说中，这一公式的构成形式稍有变化，在“小说”之前又多出“茶”这一环节，从而由之前的两段式变成了茶—小说—哲学（道）的三段式。

[2] ［美］斯科尔斯、［美］费伦、［美］凯洛格著，于雷译：《叙事的本质》，南京大学出版社 2015 年版，第 202 页。

《红楼梦》带有非常强烈的自传色彩和象征性，其本质上是曹雪芹根据自己的真实遭遇及其家族的命运悲剧，以全新角度审视和反思社会、个人及芸芸众生，才得以最终创作出来的一部介于传统章回和近现代小说样式之间的伟大文学作品。所以，《红楼梦》比起其他传统小说更能适用于西方现代小说理论的阐释，也更能令现代读者“心有戚戚焉”。

在此基础上，当我们以现代理论的眼光来审视《红楼梦》中与茶关系紧密的人物和情节，便能从中发现更多更为丰富的茶文化现象和更为深刻的茶道，有些红学家便一针见血地指出：“一般说来，《红楼梦》之外的古典小说中写到茶、饮茶，大多是点到为止，显得十分空泛，谈不上是一种高雅的‘茶道’，完全不能与《红楼梦》同日而语”。[1]那么，现代文学（小说）理论的引入又是如何助力《红楼梦》深化其“茶道”内涵的呢？大体上看，主要有以下两个方面：

第一，元小说的分析方法向我们展示出了《红楼梦》关注创作本身的“元小说”特性，其中的涉茶部分也能体现出这一点。所以，茶在《红楼梦》中不再是一种普通的饮品，而是作者通过非凡构思和超常想象力全新创作出的一个艺术形象。除了消烦解渴，更有一种茶名为“千红一窟”，因其谐音“千红一哭”，形象地表达出《红楼梦》作为一部“女儿之书”的主题，而红楼众女儿的命运悲剧也据此表露无遗且发人深思[2]。女儿命运既已坎坷，才会让男性主要人物宝玉无限感慨，并由此引发出其无所不在的大爱包容，于是就有了宝玉在侍女晴雯死后以“枫露茶”相祭的情节。与“千红一窟”一样，“枫露之茗”几乎也不可能在世间找到，由此可以看出，曹雪芹之所以会下大力气描写这两种原本不存在的茶，其目的本不

[1] 胡文彬：《茶香四溢满红楼——〈红楼梦〉与中国茶文化》，《红楼梦学刊》1994年第4辑。

[2] 参见李青云：《〈红楼梦〉中的茶文化与人物描写》，《鄂州大学学报》2011年第6期。

在于描写茶作为实物的名贵和稀有，而是纯粹出于创作的需要。曹雪芹很清楚，当他心目中的读者在读到这两种茶的名称时，自然也就会明了其中必有“真事隐去”的背后内容。换句话说，“千红一窟”与“枫露之茗”就像是“假语村言”的提示符或话外之音，直接将读者引入了对《红楼梦》内外世界的反向观照，以至人们能轻易从小说文本语言的优美动听中发现现实世界的骨感和吊诡[1]。而且，作为将日常琐碎事件典型化、寓言化的代表性名词，“千红一窟”和“枫露之茗”更是对日常平庸的一个极妙反讽，更是作者曹雪芹对戕害女儿的现实社会的最有力控诉。

第二，在“小说乃是作者内心自我写照”的理论影响下，我们还可以看出曹雪芹之精于茶道也经历了一个由浅入深的体悟过程。悟茶，通常不会发生在人生圆满的情况下，而是需要一定人生阅历的介入，哪怕是在对他人不幸遭遇的观察下，也会促使自己在参透生命意义的旅途上更进一步。比如，《红楼梦》中最懂茶的主要人物莫过于妙玉了，其自贵家小姐而至出家为尼的身份转变，隐藏了太多扑朔迷离的离奇遭遇，妙玉自己正如她最喜欢的茶具“斝”一样，既神秘莫测，却又极其脆弱。某种程度上，“斝”的稀有罕见，与妙玉的离群索居如出一辙，当然更易勾起贼人的惦记，稍不留神就会香消玉殒。但是，小说中的妙玉是无法预测自身命运的，当她处在人生的某个阶段，也只能说出那某个阶段的茶之体验，当她还能在大观园中与几个知己朋友诸如宝玉、黛玉、宝钗等相谈甚欢时，她对茶的理解还是稍有欠缺的，如其言：

妙玉笑道：“……岂不闻‘一杯为品，二杯即是解渴的蠢物，

[1] 参见梅新林：《〈红楼梦〉作为“寓言”文本的解读》，《红楼梦学刊》1999 年第 1 辑。

三杯便是饮牛饮骡了’。你吃这一海便成什么了。”[1]

此句与唐代卢仝在《走笔谢孟谏议寄新茶》诗中大加宣扬的“七碗茶悟道”之说，呈现出了一种反相关的关系。在卢仝那里，茶饮得越多，越是接近悟道，而妙玉却反其意而用之，认为懂茶的人都是品一杯，而粗鄙不堪之人则是一杯、两杯、三杯地喝个不停。两相对比，不难发现，妙玉对饮茶的解读还停留在针对不同饮茶方式雅俗之趣的简单界定上，还没有点出品茶品到最后所能取得的收获。饮茶能手妙玉在品茶方面留下的遗憾，最终还是靠宝玉的领悟做出弥补，在《红楼梦》第77回，就有这样一段关于茶的描写，其言：

晴雯道：“阿弥陀佛，你来的好，且把那茶倒半碗我喝。渴了这半日，叫半个人也叫不着。”宝玉听说，忙拭泪问：“茶在那里？”晴雯道：“那炉台上就是。”宝玉看时，虽有个黑沙吊子，却不象个茶壶。只得桌上去拿了一个碗，也甚大甚粗，不象个茶碗，未到手内，先就闻得油膻之气。宝玉只得拿了来，先拿些水洗了两次，复又用水汕过，方提起沙壶斟了半碗。看时，绛红的，也太不成茶。晴雯扶枕道：“快给我喝一口罢！这就是茶了。那里比得咱们的茶！”宝玉听说，先自己尝了一尝，并无清香，且无茶味，只一味苦涩，略有茶意而已。尝毕，方递与晴雯。只见晴雯如得了甘露一般，一气都灌下去了。

宝玉心下暗道：“往常那样好茶，他尚有不如意之处，今日这样看来，可知古人说的‘饱饫烹宰，饥餍糟糠’，又道是‘饭饱弄粥’，可见都不错了。”[2]

[1]［2］曹雪芹、高鹗著，中国艺术研究院《红楼梦》研究所校注：《红楼梦》（2版），人民文学出版社1982年版，第555页、第1085—1086页。

此段文字着重突出的是病入膏肓的晴雯在被王夫人赶出大观园后，宝玉因心中挂念前去探望的情节以及在相应情节下宝玉那澎湃汹涌的心理活动。在深情满满的叙述中，曹雪芹对茶的着墨最多，且饱含着异常强烈的对比色彩。可以说，其中的每一个字都经得起今天读者的“过度阐释”，甚至能逗引起人们无限的阐释欲望。表面上宝玉探望晴雯只是大观园外一件十分庸常琐碎的小事，但曹雪芹在对这件小事描写中却涉及了许多只有在现当代纯文学作品（小说）中才会关心的“大问题”，诸如人的觉醒、个性解放、反抗专制，以及不断对终极问题的追问：存在的悖论、生之价值与生之意义、人生解脱之可能与否等等[1]，无不隐藏在寓意甚丰的语言文字中等待着人们去发现。

比如，通过宝玉和晴雯感情浓烈又语带玄机的对话，我们便可以想见，先前的晴雯身在大观园中，定是受到了宝玉的放纵、溺爱和庇护，因此她才会如黛玉一样惯常耍些小性子。尤其是在日常饮食上，晴雯的挑剔和讲究程度实不亚于高门大户的千金小姐，当一杯茶在手，晴雯不知会多么在意与她烹茶共语之人，俗气的小丫头、老婆子肯定是要排斥在外的。同时，晴雯当然也会非常在意烹茶的器具，虽到不了妙玉那么仙气外露的程度，但寻常金银器物晴雯自当也是看不上眼的。在对茶的味道品评上，晴雯潜意识里对茶的异香更是吹毛求疵，不管多么名贵、稀世罕见的茶，只要不合她远超世俗之人的标准，她定会弃之不惜。然而，此时的晴雯即使于茶是如此精益求精，但她还没有真正于茶道有所体悟。直到她被王夫人赶出大观园，身陷困苦生活羁绊，并遭遇病痛折磨、生命垂危之际，她喝的茶虽不再有芳香沁脾之味，茶具也变成了一个“黑沙吊子”和一个“大茶碗”，但是晴雯却一改往日的斤斤计较和惺惺作态，

[1] 参见计文君：《谁是继承人：〈红楼梦〉小说艺术现当代继承问题研究》，文化艺术出版社 2013 年版，第 110 页。

痛快地将绛红色的茶汤一饮而尽，似乎是在与前之自己决绝永别，又仿佛在生命的最后一刻以茶顿悟，于是将凡尘俗世一并抛弃，转而去追寻灵魂从肉体中解放出来的大自由和大解脱。宝玉将这一切都看在眼里，也深深感动在心上，所以他才会有"可知古人说的'饱饫烹宰，饥餍糟糠'，又道是'饭饱弄粥'，可见都不错了"的一番感叹。世事无常、造化弄人，命运对每个人都是不公平的，但又是极为公正的，因为人生来不可避免地就会面临死亡，从人类的婴儿阶段开始，对于死亡的恐惧就会时不时萦绕在每个人心头，而人类对于死亡复杂符号的转换和超越，正成就了人类自身对不朽的信念和向永恒的扩张[1]。于是，宝玉一时大彻大悟，人类总会死去，只是时间略有不同而已，那么，也就无所谓悲哀了。他在生活的大反差中，既看到了晴雯前后两段人生饮茶的不同，也同时看到了生命个体在对茶之领受上的相同。茶不再有好坏贵贱之分，只要与心灵相通，质量再次、品质再低的茶都是好茶，牛饮骡饮也未必不是懂茶、悟道的方式之一；正如命运也不会因为个人的富贵荣辱而稍作停留或改变，我们需要做的，就是像宝玉一样感知自己、领悟生命，并因此能有所收获，也许这就已经足够了，也"都不错了"。

综上所述，小说这种文学体裁，在对茶的描写上总是会有其独到之处，而且，茶也深深沁入了某些小说的语言文字中，成为其非凡表现力的一部分，能够不断促使人们去思考人生、感受生命存在的意义。茶在小说中不是可有可无的摆设，而是能够与小说的人物、情节乃至思想精要相融共通，尤其是在"道"的表现层面上，涉茶小说一开始就形成了一个强有力的叙述传统，自魏晋一直贯穿到明清，并最终在"茶香四溢满红楼"的同时发扬光大。在小说中，茶是现实生活的写照，也是生命本真存在的客观实在，茶甚至还能反

[1] 参见［美］E. 贝克尔著，林和生译，陈维正校：《反抗死亡》，贵州人民出版社1987年版，第44页。

映出一个时代的彷徨和不安，同时也寄托着人们所有恐惧背后的希望。不论人们饮茶的方式是否改变，比如《水浒传》和《红楼梦》中的饮茶方式就不尽相同，但人们对于茶的热爱程度却是有增无减。由于小说文本兼具雅俗共赏的性质，一些小说中也不无必要地描写了部分庸俗可鄙的茶文化现象和茶观念、茶理念等，但这些毕竟不是小说文本存在的主流，而且通常情况下，小说中所涉及的茶之庸俗气息浓厚的文字，也都带有嘲讽、批判和纠正的意味。庸俗地饮茶总是与小说中庸俗恶劣的人物息息相关，是符合人物性格的设定和情节发展的需要的，可以说，这样的描写其实起到了突出小说写作效果的作用，在小说中也是有其积极的意义存在的。正所谓，“作者之用心未必然，而读者之用心何必不然”[1]，对于今天的小说读者来说，茶在具体小说作品中的存在虽然有境界高下之分，但现代读者的接受却可以不受这种局限，尤其是在“作者已死”的现代批评语境中，读者更可以发挥现代阐释学的先进思想，对古典茶小说做出一番全新的诠释[2]。另外，在更高的层面上，小说文备众体的特质，更令茶诗、茶散文、茶神话、茶小说等熔于一炉，充分拓展了茶道文学的写作空间，丰富了茶道文学的主题和内涵，而现代读者的全新解读更能令茶道文学的价值被充分发掘。总之，茶小说在形式和思想内容上都是创新多于继承，是中国茶道文学最重要的组成部分之一。

[1] 谭献：《复堂词话》，人民文学出版社 1959 年版，第 19 页。

[2] 参见欧丽娟著：《大观红楼：欧丽娟讲红楼梦》，北京大学出版社 2017 年版，第 37 页。

茶道、茶文学的现代变迁

／余论

在经历了古典世界的文化辉煌之后，近现代以来，中华民族遭逢一系列危机，救国图强在一段时间内成为最为紧迫的民族诉求，致使不论知识分子还是一般民众均无暇他顾，中国优秀古典文化在与西方现代文明不断的冲突、斗争以及重构中，一度面临青黄不接、后继乏人的历史窘境[1]。传统茶文化和茶道思维亦不幸被卷入受时代大潮严重冲击的行列，随着中国国力和文化影响力的式微而逐渐走向衰落。日人冈仓天心对此曾一针见血地指出："对晚近的中国人来说，喝茶不过是喝个味道，与任何特定的人生理念并无关联。国家长久以来的苦难，已经夺走了他们探索生命意义的热情。他们慢慢变得像现代人了，也就是说，变得苍老又实际了。"[2] 作为一个对日本茶道的狂热崇拜者，冈仓天心的话虽语带讥诮，但无疑是值得我们深入反思的。

饮茶习俗和茶文化在古代社会曾是那样普及，尤其是在唐宋时期，各色人等对茶的热情狂飙突进，文人士大夫更是在繁荣唐宋茶文化和成全茶道表述方面厥功至伟，留下了大量关于茶（包括饮茶、悟茶等一系列具体活动及纯哲理式的思辨行为——茶道）的诗文及专业茶学著作，可以说，茶对于唐人和宋人而言，从来都不单纯是涤烦解渴的生理需要，而是一种内化于心的精神层面的理想追求，更是中华核心文化、价值体系在唐宋那个时代的特殊反映。然而，对于后世的中国人来说，茶不过是可口饮料的其中一种，不再有超乎想象的神秘感，也不再是众星捧月般的人生理想。国家的常年不

[1] 参见李宗桂：《传统与现代之间：中国文化现代化的哲学省思》，北京师范大学出版社 2011 年版，第 58—60 页。
[2] 冈仓天心著，谷意译：《茶之书》，山东画报出版社 2010 年版，第 36 页。

幸夺去了人们探求人生意义的热情，他们变成折中主义者，殷勤地接受宇宙的因习，玩弄自然，却并不拼命去征服或崇拜。所以，茶越来越成为世俗化的凡间俗物，甚至在有些高级知识分子那里，茶也仅仅被看成了“清福”之一种。鲁迅在其杂文集《准风月谈》中就有一篇专门谈论“喝茶”的文章，其中有言:“有好茶喝，会喝好茶，是一种‘清福’。不过要享这‘清福’，首先就须有工夫，其次是练习出来的特别的感觉。由这一极琐屑的经验，我想，假使是一个使用筋力的工人，在喉干欲裂的时候，那么，即使给他龙井芽茶，珠兰窨片，恐怕他喝起来也未必觉得和热水有什么大区别罢。所谓‘秋思’，其实也是这样的，骚人墨客，会觉得什么‘悲哉秋之为气也’，风雨阴晴，都给他一种刺戟，一方面也就是一种‘清福’，但在老农，却只知道每年的此际，就要割稻而已。”[1] 在这段入木三分的反讽言论中，鲁迅所谓喝茶带来的“清福”，是专门针对文人，也即知识分子而言的，其中也隐约含有知识分子对茶的理解总是带有一定深度的含义，他一再点明文人饮茶需要某种“秋思”的助兴，完全不同于干渴工人“饮马饮骡”式的虹吸“龙井”“碧螺”，也不同于老农对秋天的实用主义眼光。即便如此，鲁迅一贯的犀利文风还是对文人饮茶的行为给予了一种毫不留情的批判，因为既是“清福”便不需要太多智力投入，关键点其实仍落在了个人享受上，高级享受也是享受，说明鲁迅对品饮学问并不十分上心，与茶相较，鲁迅更为关注如何开启民智、如何疗治国人精神志气的羸弱，而品茶、悟茶对这些迫在眉睫的问题显然是影响有限的。为此，鲁迅专门提醒某些知识分子，“喝茶”虽好，但却与国家多难的时刻极不相宜，其思想和用意无非是指出在茶中过分矜持的人本不应该忘却的社会责任感，尤其是那些喝着茶且作茶文的文人，不应滥用“练

[1] 鲁迅著:《鲁迅全集》（第5卷），人民文学出版社2010年版，第331页。

就出来的特别感觉”，在“清福”与“幽默”中玩物丧志，否则就是“病态”[1]。

然而，鲁迅的“为革命、为人生而文学”的论点，从来都不乏反对声音。曾被鲁迅痛批的“费厄泼赖”主义奉行者，同时也是“为艺术而艺术”的坚定信徒，他们对于茶总是有一种特殊情感，能够于古人的品茶经验中多有借鉴，认为茶不仅可以作为一种从古流传至今的品饮艺术，而且还自有其因循传承的内在价值。比如林语堂在《茶和交友》一文中就说出了“茶之为物，性能引导我们进入一个默想人生的世界”的言论，他本人也非常赞同有些好事者极力推崇的“茶永远是聪慧的人们的饮料”的观点，并进一步指出茶在中国更是“风雅隐士的珍品”[2]。鲁迅的胞弟周作人也认为，近来的“茶馆”文化已经“太是洋场化”，反而“失了喝茶的本意”，“其结果成为饭馆子之流，只在乡村间还保存一点古风，唯是屋宇器具简陋万分，或者但可称为颇有喝茶之意，而未可许为已得喝茶之道也”。“喝茶当于瓦屋纸窗之下，清泉绿茶，用素雅的陶瓷茶具，同二三人共饮，得半日之闲，可抵十年的尘梦。喝茶之后，再去继续修各人的胜业，无论为名为利，都无不可，但偶然的片刻优游乃正亦断不可少”[3]。说明在近现代文人眼里，喝茶仍然是一种不可或缺的生活乃至思维方式，喝茶除了“可抵十年的尘梦”，还有补于继续修习“个人的胜业”。不止于此，不管是林语堂，还是周作人，甚至颇不以茶为然的鲁迅，他们对于日本的“茶道”都是颇有耳闻的，自然也十分熟悉日人冈仓天心的《茶之书》及其全书的理论要点。可以说，中国近现代知识分子在谈论到喝茶的话题

[1] 参见黄志根、项品辉：《论鲁迅等“喝茶”思想及其茶文化意蕴》，《浙江大学学报（人文社会科学版）》2003 年第 6 期。

[2] 林语堂著：《林语堂散文》，北京出版社 2008 年版，第 39 页。

[3] 周作人著：《雨天的书》，人民文学出版社 2000 年版，第 29 页。

时，已不可避免地要涉及冈仓天心的所谓“自然主义的茶”[1]，并对此表现出十分微妙的赞同。

之所以“微妙”，一方面是由于中国毕竟是茶叶故乡，有着几千年的饮茶和悟茶历史，而日本所谓“茶道”无非都是唐宋饮茶之风的遗留罢了。因此，当中国现代知识分子不得不重拾日人牙慧而谈论喝茶甚或茶道时，总是带有一种不愿承认日本茶道已经在某些方面渐趋超越其老师的“酸葡萄”心理。周作人就是这方面的典型，他虽然非常倾慕日本的茶文化，尤其津津乐道于日本的茶食“羊羹”，但却仍不忘对其源自的历史进行一番考据。另一方面，正因为不甘于落在日人之后，近现代以来的知识分子在寻求救亡图存之道的同时，也在寻求一种足以与汉唐雄风相媲美的新文化的建立[2]，而恢复传统茶文化的强大影响力，创立符合现代社会需求的现代茶道显然也是新文化建设中的题中之义。然而，要想实现创立现代茶道的梦想，乃至将世间已然为天下而裂的道术借由茶道一统和重新整合起来，这对于现代中国来讲绝非易事，而现当代文学是不是能像古代文学作品那样与茶道结合紧密，并担当起复兴茶文化和创新茶道的重任，同样也是一个无法预测的未知数。当然，梦想也并非遥不可及，在当前茶文化和茶道将要走向崭新面貌的路途上，依然可以看到儒释道传统文化在现代施以影响的影子，同时，现代茶道及其表现形式之一的现代文学也在与世界最新思想、文学的交流中茁壮成长，这些都为我们将来的茶文化、茶道和茶文学的发展打下了坚实的基础。

---

[1] 周作人对日人冈仓天心（今译）的著作《茶之书》是十分熟悉的，在《喝茶》一文中，他便信手拈来地对此书进行了一番举重若轻的评介。周作人提到：“喝茶以绿茶为正宗。……我的所谓喝茶，却是在喝清茶，在赏鉴其色与香与味，意未必在止渴，自然更不在果腹了。中国古昔曾吃过煎茶及抹茶，现在所用的都是泡茶，冈仓觉三（周译）在《茶之书》（*Book of Tea 1919*）里很巧妙的称之为‘自然主义的茶’，所以我们所重的即在这自然之妙味。”见周作人著：《雨天的书》，第 28 页。

[2] 参见李宗桂著：《传统与现代之间：中国文化现代化的哲学省思》，第 61 页。

一、现代性的困境和困惑

自轴心时代以来，世界的解释权逐渐被东西方几大哲人所掌握。东方的老子、孔子、庄子、释迦牟尼等，与西方的苏格拉底、柏拉图、亚里士多德等，共同缔造了人类世界辉煌灿烂的古代文明[1]。然而，随着时间的流逝，古老的东方文明渐渐落后于西方，当西方已经出现了机器大生产，出现了摩天大楼时，东方居然变成了一片现代工业文明的不毛之地。西方的现代工业成就有目共睹，而今天我们所能看到的关于西方的一切，无不都是建立在以苏格拉底、柏拉图、亚里士多德等为代表的希腊古文明的基础之上的。因此，这就不得不令人深思并生发疑问：难道古老的东方文明就没有种下发展现代科学技术和文化的种子吗？难道东方的古代社会就天然没有向着现代文明发育的基因吗？

面对疑问，西方学者通过分析郑和大航海的为什么失败以及哥伦布大航海的之所以成功，给出了他们毋庸置疑的答案：正是古代中国的辉煌才导致了今天的落后。中国过早地实现了政治和文化的大一统，资源的过于集中很有可能导致某个专制君主的一个决定就能使改革创新半途而废，相比之下分散的欧洲则形成了一个竞争机制，如果某个国家没有去追求某种进步，另一个国家就会去那样做，从而迫使邻国也去这样做，否则就会被征服或在经济上处于落后地位。欧洲犬牙交错的地理障碍足以妨碍政治上的统一，但还不足以使技术和思想的传播停下来。欧洲还从来没有哪一个专制君主能够

[1] 参见［德］雅斯贝斯著，魏楚雄、俞新天译：《历史的起源与目标》，华夏出版社 1989 年版，第 8—13 页。

像在中国那样切断整个欧洲的创造源泉[1]。西方世界的分析似乎一针见血，但东方哲人的深思同样入木三分。自梁漱溟以来，无数中国知识分子都在积极寻求这些问题的答案。在《东西方文化及其哲学》一书中，梁漱溟不无语带悲情地指出："西洋人立在西方化上面看未来的文化是顺转，因为他们虽然觉得自己的文化很有毛病，但是没有到路绝走不通的地步，所以慢慢的拐弯就可以走上另一文化的路去；至于东方化现在已经撞在墙上无路可走，如果要开辟新局面必须翻转才行。所谓翻转自非努力奋斗不可，不是静等可以成功的。如果对于这个问题没有根本的解决，打开一条活路，是没有办法的！"[2]这似乎已经是对中国的古代文化判了死刑，但是随着以战胜自然为主要依托的西方现代科技在改造社会的过程中表现得越来越难以为继，人类必然将从"人对物质的问题之时代而转入人对人的问题之时代"[3]。特别是当西方社会对物质的占有欲强大到不惜发动大规模战争、不惜使用大规模杀伤性武器，当人与人之间在机器生产的带动下，逐渐沦为机器构造中的一个部件，人类的社会关系也逐渐僵化和冷漠的时候，人对人的问题便凸显了出来。

正因为如此，以解决人与人之间问题为主的东方文明，即我们通常所谓的儒释道文化，才有了其复兴的契机。有识之士纷纷呼吁，在当前中国社会发展的进程中，最不可或缺的就是对国学的提倡和对儒释道传统文化乃至信仰的坚守。新儒学代表人物杜维明在推广新儒学与现代社会相适应、共促进方面可谓不遗余力，他指出"儒学是跨时代、跨文化、多学科、分层次的，儒学是没有教条的"[4]。在此儒学框架下，现代社会的所有问题都可以纳入儒学的范畴，也都可以在儒学的指导下有所解决。当然传统的儒道互补及儒释道三

[1] 参见［美］戴蒙德（Diamond. J.）著，谢延光译：《枪炮、病菌与钢铁——人类社会的命运》，上海译文出版社 2000 年版，第 469 页。

[2][3] 梁漱溟著：《东西方文化及其哲学》，中华书局 2013 年版，第 15 页、第 180 页。

[4] 杜维明著：《二十一世纪的儒学》，中华书局 2014 年版，第 1 页。

教合一思想，在杜维明这里也已成为新儒学所要发展的一个重要方面，并很可能为传统文化复兴掀起一轮新的热潮。在此背景下，传统茶道和茶文化复兴亦不断被有心人提及，从重申炎帝神农茶祖地位，到尊陆羽为茶门宗师，茶道和茶文化在当代的传播和接受，首先是借由中华古老文明的外衣才重新走进国人视野并被国人认识的。在这方面，林语堂、周作人等近现代散文大家创作的大量关于茶的现代散文，虽说未必出于他们希望重振中华茶道雄风的责任意识，但他们也在无形中为推动茶文化复兴发挥了重要作用。而且，林语堂、周作人等还是“五四”以来新文化运动倡导者的杰出代表，当他们依次写出在新文化、新文学发展壮大过程中的重要篇章时，他们也在有意无意间将茶涉及在内，从而创作出大量关于茶的现代散文和现代诗，并由此宣告了一个“茶、文汇通”的茶道、茶文化和茶文学新时代的到来。

众所周知，林语堂和周作人的文学成就主要集中在现代散文的创作上，在他们的散文作品中，时常表现出一种融古通今的文学趋向，特别是他们都对明末清初的小品文情有独钟，以至某种程度上，在以林、周为主力写作者的现代茶散文与明清茶小品文之间形成了一个一脉相承的文学写作传统。这主要表现在，现代茶散文在语言、行文风格、抒发性灵等方面都对明清茶小品文有所借鉴，并在事实上延续了自晚明以来形成的文人热衷于小品文写作的一大风气[1]。近现代文人，与明末清初文人一样，都面临着一个错综复杂的社会环境，个人境遇常常会被淹没在历史大潮中而显得无足轻重，但相对于文人个体来说，每种经历都是刻骨铭心的，甚至是惨痛的历史教训。只不过，现代文人要比明清文人眼界开阔许多，于是文言文在表现现代社会现象时便会显现出可用语词及修辞的匮乏和捉襟见肘。为此，现代文人倾向于用一种符合现代语言习惯的方

[1] 参见王兆胜：《林语堂与明清小品》，《河北学刊》2006 年第 1 期。

式去创造出茶与散文相结合的最佳形式，这其中既融合了现代文人自身的身世、境遇之感，又使用了大量古代茶文学作品中的相关意象，同时又在行文上兼采西方文法之长[1]，最终现代文人为我们呈现出了一种全新的茶文学形式——现代茶散文。林语堂的《茶和交友》一文中就有如下段落：

因此，茶是凡间纯洁的象征，在采制烹煮的手续中，都须十分清洁。采摘烘焙，烹煮取饮之时，手上或杯壶中略有油腻不洁，便会使它丧失美味。所以也只有在眼前和心中毫无富丽繁华的景象和念头时，方能真正的享受它。和妓女作乐时，当然用酒而不用茶。但一个妓女如有了品茶的资格，则她便可以跻于诗人文士所欢迎的妙人儿之列了。苏东坡曾以美女喻茶，但后来，另一个持论家，“煮泉小品”的作者田艺恒即补充说，如果定要以茶去比拟女人，则惟有麻姑仙子可做比拟。至于“必若桃脸柳腰，宜亟屏之销金幔中，无俗我泉石”。又说：“啜茶忘喧，谓非膏粱纨绮可语。”[2]

这段文字娓娓道来，自有一种现代白话文的语言亲切感扑面而来。文章中所表现出的轻松惬意和文人情趣，与作者当时的生存环境之间形成了显明对比。在林语堂的文章中，他总是故意隐藏起其所作文章的时代感，凡是能标明具体时代的词汇完全被他给屏蔽掉了，从而演绎出一种“浪漫的骑士风度”与“闲适的士大夫情趣”相结合的文本写作风格[3]。这种风格最根本的特点就是东西方文学写作传统的融合，在茶文写作上，一方面表现为他仍然无法忽略传统茶文学作品带给他的影响，例如他总是很津津乐道于苏轼的以

[1]［2］参见张南章：《论林语堂文化选择的现代性》，《湖北教育学院学报》2007年第9期。

［3］参见吴周文、张王飞、林道立：《关于林语堂及“论语派”审美思潮的价值思辨》，《中国现代文学研究丛刊》2012年第4期。

美人喻茶，又比较倾心“啜茶忘喧”中的杳渺趣味。这些都可以超越时代的局限，而令一个现代人对茶之精神气质也能心领神会。另一方面还表现为，林语堂所能领悟到的，恐怕比之古人还要更多，不然他就不会将茶与交友联系起来，而反复告诫人们交友的重要性。在他看来，茶最为纯洁，爱茶的人自然也能够保持人格独立而不会被乱世所裹挟和污染，所以茶才会成为林语堂一生最为信赖的朋友，并一直陪伴着他既可悠然穿越乱世，又能在寂寥独处中参悟人生。在与茶做伴的短暂一生中，茶还不经意间成了林语堂散文现代性的一个代表意象，暗含着现代性的三个主要母题，包括精神取向上的主体性、社会运行原则上的合理性、知识模式上的独立性等[1]，以及用个人笔调与自己声音沉重地履行五四以来知识分子使命的时代召唤[2]，都能在林语堂的写茶散文中窥见一二。

林语堂是如此，周作人则更甚。相比于林，周氏犹独爱苦茶，在其《苦茶随笔》一文中，起笔即描写了一场由中国本位的文化宣言而引起的风波，看似与苦茶毫无关联，实际上却道出了他迷上苦茶的一大缘由。不管是用来逃避现实，还是用来模拟、深味现实乱局之苦涩，周氏总之是在并未多吃的情况下，对苦茶进行了一番颇费工夫的考索，并因此得出结论：“口渴了要喝水，水里照例泡进茶叶去，吃惯了就成了规矩，如此而已。对于茶有什么特别了解，赏识，哲学或主义么？这未必然。一定喜欢苦茶，非苦不喝么？这也未必然。那么为什么诗里那么说，为什么又叫作庵名，是不是假话么？那也未必然。”[3]几个“未必然”，表面上是在极力否认并撇清自身与茶的关系，其实却欲盖弥彰地将自身与茶的密切关系更为显明地表现了出来。这是周作人一贯的狡黠笔法，但却也是现代

[1] 参见张辉：《审美现代性批判》，北京大学出版社 1999 年版，第 4 页。
[2] 参见沈永宝：《论林语堂笔调改革的主张》，《复旦学报（社会科学版）》1998 年第 1 期。
[3] 周作人：《苦茶随笔》，北京十月文艺出版社 2011 年版，第 8 页。

文人在乱世饮茶的一个最真实案例。茶在现代文人那里逐渐失去了它勾起文思的魔力，然而有失必有得，茶也着实加深了现代人对其在现实社会中始终处于尴尬地位的直观印象，显示着一个时代一批文人的与其人生历程同步的人生态度变化轨迹和更加变化无常的社会“世相”，以及那无处不在的人生苦涩体验[1]。总之，周作人对于饮茶的不同方法和仪式的纵情列举，也是一个现代文人逐渐内在化的过程，更是他在政治上、美学上和文化形式上的清晰批判思路的反映。因而，某种程度上，周作人借助于茶散文的写作回应了“五四”新文化运动的内在抱负，并由此构筑了一个绝妙的，同时又满是苦涩的反讽，正如与其同时的那些激进启蒙知识分子所恐惧的那样，最激进的工程往往由于它根本没有完成，而被证实是一个落后的东西，就如同一个早先的、从未被完成的目标和“一场谈不上革命的革命”。[2]

在现代文学发展的历史上，周作人关于饮茶的独特感觉和体悟并不孤单，可以说周作人的切身感受其实就是那个时代赋予一代知识分子的专属人生经验，而如果这份经验要是不分青红皂白地施加于一个外柔内刚的女子，尤其是一个受过良好现代教育的风华绝代的才女身上，那么其所呈现出来的便又会是另一番风景。林徽因的两首现代茶诗就是这另一番风景的最佳体现，其中之一言道：

冬有冬的来意，
寒冷像花，——
花有花香，冬有回忆一把。

[1] 参见刘学忠：《茶——透视周作人人生观与审美观的符号》，《安徽师范大学学报（人文社会科学版）》1999 年第 2 期。

[2] 参见张旭东著，谢俊译，陈丹丹、彭春凌校：《散文与社会个体性的创造——论周作人 30 年代小品文写作的审美政治》，《中国现代文学研究丛刊》2009 年第 1 期。

一条枯枝影，青烟色的瘦细，
在午后的窗前拖过一笔画；
寒里日光淡了，渐斜？
就是那样地
像待客人说话
我在静沉中默啜着茶。[1]

其另一首诗又言：

当我去了，还有没说完的话，
好像客人去后杯里留下的茶；
说的时候，同喝的机会，都已错过，
主客黯然，可不必再去惋惜它。
如果有点感伤，你把脸掉向窗外，
落日将尽时，西天上，总还留有晚霞。
一切小小的留恋算不得罪过，
将尽未尽的衷曲也是常情。
你原谅我有一堆心绪上的闪躲，
黄昏时承认的，否认等不到天明；
有些话自己也还不曾说透，
他人的了解是来自直觉的会心。
当我去了，还有没说完的话，
像钟敲过后，时间在悬空里暂挂，
你有理由等待更美好的继续；
对忽然的终止，你有理由惧怕。
但原谅吧，我的话语永远不能完全，

[1] 林徽因：《静坐》，《大公报·文艺副刊》，1937 年 1 月 31 日。

亘古到今情感的矛盾做成了嘶哑。[1]

两首茶诗，其一名为《静坐》，其二名为《写给我的大姐》，虽然都不是专门写茶的习作，但正因为如此才成就了茶在诗中的独特艺术形象。第一首诗很像是民国大家闺秀的少女时代，茶在其中承担的是一个“为赋新词强说愁”的角色，将林徽因的少女情思和古典情怀展露无遗[2]。此时，茶也是一副少女时代的面孔，即使经过现代社会的洗礼，茶也仍然没有失去它最初保有的本真，那就是古典式的享受孤独和寂静。少女时代的林徽因也是如此，她喜欢在静坐中啜茶，当然也就能忍受寂寞，并在寂寞中发现自己。而第二首诗却是在林徽因重病之中写成的，此时的一代才女已经人到中年，且身染重疾，大有一发不可收拾之势。疾病本身就是一个非比寻常的隐喻，“疾病是生命的阴面，是一重更麻烦的公民身份”[3]，在疾病和茶的双重开悟下，林徽因身上开始表现出了更多的现代性，更加能够以一种现代智者的心态重新审视自己，包括审视自己所属的国家。经历了国家在抵抗侵略中的新生，也经历了自己人生的跌宕起伏，重病中的林徽因更像是一个已经参透人生的女哲学家，而且她的深刻程度丝毫不亚于绝大多数男子。在诗中，林徽因超越了单纯情感的表现，而追求一种灵思和顿悟或生命哲学，这是现代知识女性对生命存在的理解和感悟。从她的诗中，还可以看出，她有系统的宇宙观和生命哲学观，对生命本体有着清醒的认识。在她看

[1] 林徽因：《写给我的大姐》，《学文》1947 年 7 月。

[2] 蓝棣之指出，林徽因“一生都在写一首诗”，也即林徽因所有的诗是有一个核心主题的，这个核心就是抒写一位深受西方文化熏陶的新女性在爱情中的体验和成长，从而探索爱情在生命中的意义、诗在人生的地位。参见蓝棣之：《作为修辞的抒情——林徽因的文学成就与文学史地位》，《清华大学学报（哲学社会科学版）》2005 年第 2 期。

[3] ［美］苏珊·桑塔格著，程巍译：《疾病的隐喻》（汉英对照本），上海译文出版社 2014 年版，第 17 页。

来，整个宇宙处于不断的轮回变化中，对于任何一个个体而言，生命只是一次不可逆的旅程[1]。在她深邃的思想中，茶就像是人类生命的终途，也是生命行将就木时的最后挽歌。即便如此，茶也并不是一味地惹人悲伤，而是像“落日将尽时，西天上，总还留有晚霞”的绚烂辉煌。所以，对哲人林徽因来说，死亡并不可怕，她可以安静地享受这一切，就像她的少女时代总是能安静地享受啜茶的静谧。

总体来看，现代文人在对茶的抒写上还停留在不自觉的阶段，他们从来没有生发过要专门为茶树碑立传的想法，当然也没有留下纯然是为了写茶的文学作品。但不可否认的是，他们在继承明清文人的写茶传统上还是有所贡献的，在他们的笔下，茶一方面还残留着一丝古典社会的美丽幻象，甚至不经意中还表现出了他们对古典生存状态的怀念，反映出潜藏于他们内心的要复兴传统文化的私心。另一方面，茶同样是现代生活中不能缺少的良伴益友，偶尔，茶甚至还能让人联想到现代生活中的冷漠和孤独，揭示出现代文人所面临的那个充满现代性的生存困境以及人生困惑。更为重要的是，当茶与现代社会的某些极具隐喻和象征色彩的意象（比如疾病）相结合时，茶所能表现出来的内在张力也是十分丰富和深刻的。虽然不是出于有意和计划，但某些现代文人和知识分子的涉茶文学作品的流传，无疑给已经日趋没落的中华茶文化及茶道打了一针强心剂，也掀开了传统文化复兴和新文化运动背景下，茶道和茶文学同样在谋求复兴及新生的面纱。

[1] 参见郑娟：《论现代女性哲理诗的创作——以冰心、林徽因、郑敏为例》，《名作欣赏》2008年第6期。

二、他山之石，可以攻玉

茶在现代社会，不仅属于中国，同时也属于世界。如今，饮茶的生活习惯早已流行海外，茶与咖啡、美酒等并称世界最重要的三大饮料，足见茶的影响力早已今非昔比[1]。但是，饮茶习惯虽然普及，却并不代表茶文化就一定繁荣，也不能证明茶道哲学可以被毫无芥蒂地接受和发扬。况且，随着社会的进步和人类认识能力的显著增强，茶道应呈现出一种崭新的理论形态，而不是一味故步自封，甚至是沦落为饮茶习惯在意识形态领域的微末注脚。

事实上，当今茶文化可以明显区分为东西方两大阵营，不同阵营里的茶文化和茶道自有不同的社会地位和存在形式。东方以中国、日本、韩国等为代表，秉承传统茶文化的独特优势，却甚少被西方所看重和理解；而西方则以欧洲、北美为代表，他们崇尚混饮，品饮文化和社会根基本就不同，在此基础上形成的思维模式自然也就很难为东方人所理解。关于这一点，冈仓天心在《茶之书》中也说得非常明白，他曾言语激烈地发问“西方何时才能够，或者才愿意理解东方呢”[2]，接着又略显无奈自问自答道：“让我们收起攻讦抹黑的话语吧。各自只能拥有半个地球，就算不觉得不满，也要知道不足。发展的路线即使殊异，也没有理由不能彼此增益。”[3]显然，冈仓天心觉得，东西方文明彼此之间的隔阂要远大于理解和尊重，茶虽然在东西方都大受欢迎，但其背后所代表的文化却充满了诸多无法交流、沟通的障碍。所以，他才会不厌其烦地向西方大谈东方的茶道，冀望于改变西方只知饮茶，而不知饮茶背后的文化与哲学

[1] 参见吴觉农主编：《茶经述评》（2版），中国农业出版社2005年版，第42页。
[2] [3] [日] 冈仓天心著，谷意译：《茶之书》，山东画报出版社2010年版，第7页、第9页。

的局面，他说：

茶的哲学不是普通意义上的美学，因为它同时也表达了伦理和信仰，我们对人类和自然的整体观念。它是卫生学的，因为它要求洁净；它也是经济学的，因为它教导在单纯质朴而不是复杂奢华中寻求安慰。它是精神几何学的，因为它界定我们在宇宙中的定位。它把所有的信徒都变成了品味的贵族，由此代表了真正的东方的民主精神。[1]

随着《茶之书》在西方社会的声名鹊起，冈仓天心向西方社会译介东方茶道的努力终于得到了相应回报，西方人开始渐渐关注其饮茶与饮用咖啡之间的区别，特别是对于饮茶的环境讲究和文化沉浸作用开始有所认识。在西方的一些文学作品中，给予茶的篇幅也开始渐渐增多，从一个侧面反映出了西方习茶水平的大跨度进步。尤其是在英伦三岛，与茶有关的文学和文化氛围异常浓厚。英国作家奥维格顿（Joha Ovington）在一篇小品文中就曾这样写道：饮茶具有神奇的功效，欧洲人习惯了饮酒，但这只能损害人的健康，相反，饮茶却能使人头脑清醒，使酒鬼恢复理智。随后，更多的作家加入到了饮茶的行列，伦敦一度曾有500余家专供客人饮茶的咖啡馆，不少作家，包括德莱顿（Dryden）、波普（Pope）、阿迪生（Ardison）、斯梯尔（Steele）等，就曾把这些咖啡馆当作他们的写作场所。英国的诗人们还为茶写下了不少著名的诗篇，其中涌现出《饮茶王后》《绿茶女神》《茶卓诗》《赞茶诗》《课业》《茶诗三章》《给我一杯茶》《可爱的茶》及《中国茶》等诸多名目。葡萄牙公主凯塞琳（Catherine）在其生辰大搞纪念活动庆祝成为皇后一周年之际，英国诗人E. 沃勒（Edmund Wallen）为此献上《饮茶王后》一诗，其中曾这样写道：

[1]［日］冈仓天心著，谷意译：《茶之书》，山东画报出版社2010年版，第5页。

“花神宠秋色，嫦娥矜月桂；月桂与秋色，难与茶媲美。一为后中英，一为群芳最；物阜称东土，携来感勇士。助我清明思，湛然祛烦累；欣逢后诞辰，祝寿介以此。”[1] 在这首脍炙人口的英诗中，茶已经不再是一种聊作消遣的玩物或饮食，而是庸蠹尘世里一抹清欢，同时也是得知玄鉴之道的眼睛，是守得静笃之境的耐心。月桂与秋色，都难以和东方的树叶——茶相媲美。正因为如此，在英国也并不是所有人都能欣赏得到并理解得了茶之真美。匆匆忙忙的人是无法品尝到茶之意隽之味的，冷漠荒芜的人也体会不到茶之情深意长。唯有心怀悲悯与同情，就像现实中伟大的“饮茶皇后”一样景慕茶尊崇茶的人，才能得到教诲，才能从嘈杂与烦恼的红尘中姑且跳脱出来，从而进入恬淡清静的、美丽无瑕的新世界。

茶在英国文学作品中的频繁出现，一方面印证了茶文化在部分西方社会的繁荣存在，另一方面也使得西方茶文化有了属于自己的传播载体和文化土壤。西方社会从一开始的不甚理解东方茶文化和茶道，开始向着较能接受关于茶的诸种玄谈和藻思方向转变，在复制出东方茶饮和品饮文化的同时，也将来自于东方的品饮习惯和风俗文化等加以消化吸收，进而创造出了带有显明西方色彩的茶文化式样，其中的精华部分足以给中国当代茶道的重新树立以重要启示。比如西方社会早已普遍流行的下午茶，以及围绕下午茶而形成的礼仪、风俗习惯等或民间或官方的文化现象，以及文学作品中对下午茶现象的剖析和理论提升，都值得当代中国茶道研习者加以系统研究，并从中借鉴一二。

萧伯纳的著名戏剧《匹克梅梁》，就是一部英式“下午茶”的场景普遍存在，同时又不乏英式幽默和理论介入的关于饮茶和悟茶的综合性实验文本。戏剧巧妙借鉴了希腊古典神话的外壳，而其谈论的完全是一个现代性的伦理话题，直指现代人的生存困境和那块

[1] 徐克定：《英国饮茶轶闻》，《农业考古》1992 年第 2 期，第 245—246 页。

隐藏在现代伦理道德面具下的遮羞布。神话中匹克梅梁原本是一个厌恶女人的雕塑家，但当他按照理想中的女子模样雕刻出了一尊女性塑像后却疯狂爱上了她，朝夕寝卧都要与她在一起。众神深深被匹克梅梁的痴情所打动，于是他们赋予了这尊塑像以生命，帮助匹克梅梁完成了与其塑像恋爱结合的愿望[1]。这则神话故事虽然荒诞不经，但依据诺斯罗普·弗莱的神话原型批评理论，神话（主要是指《圣经》神话故事和古希腊罗马神话故事）天然包含神的天启意象、魔怪意象和类别意象，形成并缔造了文学创作和接受的全部意义[2]。据此分析，神话的传奇色彩总是有所意指，表面上代表着人们在现实社会无法完成的心愿，实际却指向了人类最隐秘的内心深处，是人类生存处境最本真的象征。具体到《匹克梅梁》剧本，萧伯纳对神话的表现力显然已有深思熟虑。除了戏剧人物、情节与神话的一一对接之外，萧伯纳还不忘全力使读者和观众尽量知悉如下事实，一旦戏剧所营造的现实中人按耐不住寂寞，也想尝试一把神话中的剧情，那么，面临他的除了一系列令人啼笑皆非的笑话，还有无法掌控的命运悲剧以及在悲剧中挣扎、思考的无可奈何。

因此，从这个意义上讲，《匹克梅梁》中描述的语言学家及其女学生之间由爱慕到反目的故事，不仅深度对应了神话中的人物关系和深刻寓意，更对应着现实社会的人性之善和伪诈。萧伯纳为了给故事贴上一个现实主义的标签，所以频繁安排戏剧中的主要人物在“下午茶”的场合中见面，从而引出了一个又一个笑料和思

[1] 匹克梅梁又译作皮格马利翁，原文为 Pygmalion。最早出现在古罗马诗人奥维德长诗《变形记》当中，后经俄国人库恩改编，也出现在《希腊神话》一书中。参见奥维德著，杨周翰译：《变形记》，人民文学出版社 1984 年版，第 131—134 页；库恩编著，朱志顺译：《希腊神话》，上海译文出版社 2006 年版，第 28—29 页。

[2] ［加］诺思罗普·弗莱著，陈慧、袁宪军、吴伟仁译：《批评的解剖》，百花文艺出版社 2006 年版，第 199 页、第 208 页、第 214 页。

考[1]。这种写作手法，不仅将剧本中的人物形象在真实的生活环境中恰当地表现了出来，更把英国已经积累成型的茶文化透过作品的真实而展露无遗。可以说，经过了大航海时代茶叶贸易的历练，英国人的日常生活已经与茶息息相关，“下午茶”风俗更迅速演变为英国文化中不可分割的一部分。为了充分表现这一点，萧伯纳在戏剧的人物设定和情节安排中，处处都精心撰构。从下午茶是英国人优雅生活鲜明特点的笼统阐述，到具体描述戏剧人物对茶具的高要求及其泡茶顺序不可颠倒的严谨程度，再到人们在品茶过程中搭配茶点的细致入微，萧伯纳成功描写出了英国人“下午茶”中与生俱来的那种严谨与精细以及相互包容、各有千秋的审美方式。作为一种生活的仪式，萧伯纳通过描写泡茶、饮茶等具体步骤来感受茶文化中的美感，同时这也恰恰将英国茶文化的审美性统一表现了出来。通过不断描绘和关心“下午茶”，萧伯纳更向我们传递出了这样一个永恒真理，只有在基本生活需求得到满足之后，喝茶才能逐渐上升到品茶，原本的物质享受才会一变而为精神享受。

另外，萧伯纳笔下的戏剧人物，尤其是妇女形象更是借助于频繁出入于各种茶会的细节展示而得到了彰显。虽然，萧伯纳所描写的妇女还有一定缺陷，例如缺乏神秘性、风度、神圣、魅力和妩媚，但萧伯纳却紧紧抓住了凸显妇女的生命力这一重点，将更多笔墨放在女人在恋爱时可以主动追求她的情人、选择和谁约会等一系列情节的安排上[2]。与此相应，“下午茶”的贵族属性还形成了一个绝妙的反讽，着实讽刺了上流社会那些除了掌握表面华丽、得体的语言，其他什么都不是、内心极其伪善的男人。预示着，在资本主义制度下，人都成为有固定职业的“类属人”或“圈子里的人”，

[1] 萧伯纳著，人民文学出版社编辑部编辑：《萧伯纳戏剧集》（第2卷），人民文学出版社1956年版，第261—366页。

[2] 参见［爱尔兰］赫里斯著，黄嘉德译：《萧伯纳传》，团结出版社2006年版，第193—194页。

如果没有相应的经济实力，处于下层的“类属人”想要成为更高的“类属人”只能是一种空想[1]。

由此观之，萧伯纳这种融合希腊古典神话，以古喻今、写今的笔法是很值得我们今天的茶文学作品借鉴的，中国有那么多关于茶的古老神话，又有那么多富于变化的现代饮茶生活，如果将两者结合起来，肯定能创作出更为出色的现当代茶文学作品。而萧伯纳戏剧中着重突出的饮茶最高境界乃是追求精神享受的观点，也对我们当今茶道的升华提高大有裨益。而且，理解萧伯纳所描写的茶和茶文化，同时也利于我们理解更多西方社会出现的关于茶的文学作品，即使是比较晦涩的哲理小说也较容易通过萧伯纳的帮助而被我们破译。

一如法国作家莫里斯·布朗肖有关饮茶的特殊哲理体验也是可以被理解的，其奥秘就隐藏在他的《在适当时刻》这篇哲理小说中。为了掩盖真实的自己，或者是为了达到逻辑和现实的双重真实，布朗肖在小说中以第一人称“我”的口吻忧心忡忡地说道：

在我喝茶的时候——它是寡淡、甘甜、苦涩和悲伤的混合——我回到某种寂静中（之前，我觉得我将自己抛进了一个我不太能掌控的交谈中，那之上仍然笼罩一种恢宏的满足）。在这寂静之中存在的事物？或许，这是一个疑问。我没能喝完杯里的茶。因为我穿着衣服，我不喝水而满足于向窗户走了几步：雪继续下，一场绵密而严肃的雪，但是在目前我几乎不担心这个现象。然而我在那里尽量长时间停留，窗外积雪齐眉，但是就如同没喝完的那杯茶一样，我也没能真正走到窗前。[2]

---

[1] 安国梁：《神话原型、寓言与颠覆性的表述方式——论〈匹克梅梁〉的思想艺术特征》，《信阳师范学院学报（哲学社会科学版）》2004 年第 6 期。

[2] [法] 莫里斯·布朗肖著，吴博译：《在适当时刻》，南京大学出版社 2015 年版，第 60 页。

要理解这段文字中主要人物“我”的呓语，就要首先了解萧伯纳戏剧中所营造的那个无处不在的“下午茶”情境。不同于宴会大厅的公共交际作用，茶座则具有其个性化和相对隐私的一面，它既可以是两个知心恋人相见交流的胜地，也可以是形单影只的旅人澎湃心潮的暂寄之所。与东方人比起来，西方人向来不喜欢玄谈，尤其是在“下午茶”的时间，他们更愿意谈生活、谈琐碎，而对于那些只是为了消磨下午时光的人，他们则更没有所谓玄谈的必要。但是，西方人却相当喜欢独立思考，如果一个人只能赴他自己的“下午茶”之约，那么，他距离深邃哲人的称号就会无限接近。所以，“我”在喝茶时不只是回到某种寂静，因为“我”仍旧怀疑这寂静之中存在的事物。这些微妙感觉，正印证了萧伯纳关于饮茶本质上是一种精神满足的观点，“我”怀疑的时间越久、怀疑的程度越深，就代表“我”思考的更多，因此，“我”所能获得的精神享受也就更为与众不同。

然而，即便西方人给予茶的描述越来越多，其关于茶的思考也逐渐走向深入，但他们仍旧没有创造出适应现代社会需要的茶道，在他们的意识里，茶基本上还是直观感受的引申，而离逻辑思维的推论尚有差距。只是，随着我国现当代诸多文人知识分子都不约而同地将眼光投向西方，西方的茶文学文本也不断地被我们东方人所接纳和吸收，其中，某些莫名深刻的成分也提醒着现当代茶道的倡议者和茶文学的写作者要小心再小心地迈出他们的每一步。

三、于新、旧学术交汇中重新发现自我

西方对茶的最大贡献，无疑是发明了“下午茶”这种饮茶风俗习惯，并由此形成了一个特定的“下午茶”人群，他们之中有的高

谈阔论，无非加强了人与人之间相互连接的纽带联系，这在人们已日渐疏离的大工业社会是尤其难得的。除此之外，“下午茶”还造就了布朗肖一样的哲理思考，虽说只是关乎个人经验，而未尝像以往的东方品茶圣贤一样关乎宇宙生命乃至天道，但这对于漂洋过海的东方树叶来说似乎已经足够欣慰了。如果再联系“下午茶”甚至能融入被誉为西方文明源头之一的希腊古典神话中的文学史事实，以及茶能承接古典与现代对话、深谈的独特作用，我们也就有理由相信，茶在沟通东西方之间彼此差异明显的特色文明方面也是大有潜力可挖的。尤其是在世界已然充分扁平化的现代社会，东西方之间交流和沟通更是日渐频繁，单就茶文化一个领域来说，就不只有东方茶文化向西方的强力渗透和顽强生长，更有西方茶文化对东方的反哺和提升。其中，一个最显明的例证是，“下午茶”不再是西方人的专利，而是逐渐成为某些中国文化人一生的坚守。百岁人瑞杨绛在其回忆录《我们仨》中，就专门回忆了她与钱锺书是如何养成“下午茶”这一饮食习惯的来龙去脉的，如其言：

同学间最普通的来往是请吃午后茶。师长总在他们家里请吃午后茶，同学在学院的宿舍里请。他们教锺书和我怎么做茶。先把茶壶温过，每人用满满一茶匙茶叶：你一匙，我一匙，他一匙，也给茶壶一满匙。四人喝茶用五匙茶叶，三人用四匙。开水可一次次加，茶总够浓。

每晨一大茶瓯的牛奶红茶也成了他毕生戒不掉的嗜好。后来国内买不到印度“立普登”（Lipton）茶叶了，我们用三种上好的红茶叶掺合在一起作替代。

我们两人的早饭总是锺书做的。他烧开了水，泡上浓香的红茶，热了牛奶（我们吃牛奶红茶），煮好老嫩合适的鸡蛋，用烤面包机烤好面包，从冰箱里拿出黄油、果酱等放在桌上。我起床和他一起吃早饭。然后我收拾饭桌，刷锅洗碗，等着他穿着整齐，就一同下楼散散步，等候汽车来接。[1]

在这段饱含深情的文字中，我们不难看到，早年留学英伦的经历，对钱锺书、杨绛夫妇产生了难以估量的深远影响。钱锺书的一首《容安室休沐杂咏》古诗更直接印证了杨绛回忆的可靠性，诗中钱锺书自谓“灌溉戏将牛乳泼，晨餐分减玉川茶”，句下又有其自为小注云，“余十馀年来朝食啜印度茗一巨瓯”[2]。细读之下，可发现无论“钱诗”还是“杨文”，都不止于谈论钱杨二人的饮食习惯变化。由于留学期间养成了“下午茶”的习惯，也让他们逐渐适应了英国“立顿”红茶的异域味道[3]，反而对故乡红茶的滋味无所适从。归国后，他们依然放不下英伦“下午茶”回味中的美好，要么将三种上好红茶混合以模拟英伦浓而不化的口味，要么竟不惜舍近求远地聊以印度茗茶代替。可以说，钱杨二人的品茶、评茶口味已经发生了巨大变化，他们刁钻古怪的滋味需求最终成就了他们中西合璧的饮茶习惯，同时也打造出他们“无所不用其极”的审美品位。

从更深层面讲，钱杨在诗文中对生活品质的选择和日常生活琐碎的描述，都不同程度地反映出一些精神实质方面的东西。他们思维习惯的养成，他们处世为人态度的转变，他们的文风变化以及他们对心目中茶文化的文字抒写，都在不经意间悄然与先前的文学传

[1] 杨绛著：《我们仨》，生活·读书·新知三联书店 2004 年版，第 50 页。

[2] 钱锺书著：《槐聚诗存》，生活·读书·新知三联书店 2001 年版，第 98 页。

[3] 英国的茶叶虽然最初都是从中国进口而来，其味道与国内也不会有太大差别，但是随着英国在其殖民地印度和锡兰积极开辟大茶园，制茶业便不再由中国独占，而是被印度和锡兰的生产者取代。像立顿（Thomas Lipton）这样积极的零售商，就是直接从印度及锡兰采购茶叶。据此历史线索推断，钱杨夫妇在英国留学期间喝到的，正是带有浓郁印度和锡兰口味的红茶。参见戴维·考特莱特（Courtwright, D.T.）著，薛绚译：《上瘾五百年：瘾品与现代世界的形成》，上海人民出版社 2004 年版，第 18 页。

统分道扬镳了。钱锺书曾说过这样一段话：

> 百读不厌的黄山谷《茶词》说得最妙："恰如灯下故人，万里归来对影；口不能言，心下快活自省。"以交友比吃茶，可谓确当，存心要交"益友"的人，便不像中国古人的品茗，而颇像英国人下午的吃茶了：浓而苦的印度红茶，还要方糖牛奶，外加面包牛油糕点，甚至香肠肉饼子，干的湿的，热闹得好比水陆道场，胡乱填满肚子完事。[1]

此语，以钱锺书擅长的幽默讽刺笔法，在谈论交友之道的同时，不免对英伦"下午茶"的混搭方式也进行了一番辛辣嘲讽和揶揄。这就多少有点自嘲的味道了，钱锺书似乎是想说明他明知自身"中不中、洋不洋"的饮茶习惯实是于交友不利，但他就是忘不掉、放不下，正如他在《予不好茶酒而好鱼肉戏作解嘲》诗中所阐明的那样，"有酒无肴真是寡，倘茶遇酪岂非奴。居然食相偏宜肉，怅绝归心半为鲈。道胜能肥何必俗，未甘饭颗笑形模"[2]。其意思是说，"下午茶"虽然沾荤带肉、口味颇重，就如同自己偏偏喜欢鱼肉；大快朵颐一样流于世俗，但其中未必没有"道"的真义存焉。对于一个真正具有文化自信的文人雅士来说，是不会在乎世俗的眼光的，他只会更加专注于自己，专注于自己认为无伤大雅并于他人无害的正确选择。于是，学贯中西的饱学之士和贵族子弟钱锺书，反而不去遵守几千年来早已内化于书香门第家族血液中的饮茶规范和审美倾向，也不盲目崇拜古之文人雅士、逸民隐者乃至得道高僧和道士的超越凡俗的特异情趣，而是在大俗大雅之间找到了现当代文人安身立命的落脚点。钱锺书就像现当代的济公一样，"酒肉穿肠过，佛祖心中留"，他才是真正的"大隐隐于市"。在他看来，只要心

[1] 语出钱锺书文《谈交友》，收入钱锺书、杨绛著，文祥、李虹编：《钱锺书杨绛散文》，中国广播电视出版社 1997 年版，第 10 页。

[2] 钱锺书：《槐聚诗存》，生活 • 读书 • 新知三联书店 2001 年版，第 48 页。

中有“道”、有理想、有追求，就能做到“道胜能肥何必俗”，即使吃肉、饮茶都是重口味，也不必心存芥蒂，不必在意别人不会理解也不愿理解的目光。

钱锺书的话看似不讲道理，但却正中现代人徘徊于东西方之间怅然若失的文化软肋，很少能有人像钱锺书一样虽旧学功底深厚，但却能放下旧学包袱，从而能一边利用西学重新审视自己及其背后的文化，一边又能充分吸收旧学营养而恣肆为文、痛快生活。钱锺书的夫人杨绛也是一样，她是如此地倾心或者说喜欢钻研“孟婆茶”，所以宁愿在一篇短文中花大量篇幅来调侃专卖“孟婆茶”的店面，她幽默诙谐地写道：

“孟婆店”是习惯的名称，现在叫“孟大姐茶楼”。孟大姐是最民主的，喝茶决不勉强。孟大姐茶楼是一座现代化大楼。楼下茶座只供清茶；清茶也许苦些。不爱喝清茶，可以上楼。楼上有各种茶：牛奶红茶，柠檬红茶，薄荷凉茶，玫瑰茄凉茶，应有尽有；还备有各色茶食，可以随意取用。哪位对过去一生有什么意见、什么问题、什么要求、什么建议，上楼去，可分别向各负责部门提出，一一登记。那儿还有电视室，指头一按，就能看自己过去的一辈子——各位不必顾虑，电视室是隔离的，不是公演。[1]

文采飞扬中，原本民间故事、仙话传奇中的孟婆本事，俨然瞬间被现代化了，其现代化程度丝毫不亚于任何一间连锁茶馆或咖啡店。杨绛出色地为“孟婆茶”在现代社会的推广做了一番广告，至少是在名义上竭力申明“孟婆店”绝不是黑店，其卖茶首要讲究民主。可是，一碗能让人忘掉一切甚或自己是谁的茶汤，即使包装得再豪华诱人，其本质仍是在掩盖真实。所以，杨绛果断地拒绝了一

[1] 杨绛著：《将饮茶》，生活·读书·新知三联书店 2010 年版，第 4 页。

切形式的“孟婆茶”，也即表明，她绝不会被旧学的甜言蜜语蛊惑，同时，她也有能力分辨出西学包装下的旧学糟粕。她拒绝遗忘，更排斥掩耳盗铃，她的态度亦和钱锺书一样，现代人要在东西文化的夹缝中、在新旧学术的阴影下，认清自我，并保持自我的人格独立和精神自由，唯其如此，也才能在现代社会的纷繁复杂中求得生存下来的一席之地，并斩获不断提升的空间。

作为现当代学人和文学创作者的偶像人物，钱杨夫妇对现当代学术和文学的影响是显而易见的。他们一贯的生活作风，以及他们出入于东西之间的深厚学养，对于年轻一代的写作者来说都充满了身不由己的诱惑力。尤其是他们博采西方文学精粹，并与东方古老文学传统进行广泛而深刻比较的方法，对于现当代文学学术的发展和文学创作实践更是影响深远，且赢得了不少追随者的阔步跟进[1]。因此，他们对待东方传统饮料——茶及其背后文化现象的态度，包括中西合璧的视角、混搭现代的文学观以及不惧怕重新审视、重新发现自我的尝试等，也会时不时在当代文学作品中“春光乍泄”。

茶在当代文学作品中的出现频率比之古代要低得多，偶有的几次出现，也都是作为古典意象被引入的。但是，因为现代作者早已习惯了西方文法和文字的应用风格，就像钱锺书很早就习惯了“下午茶”一样，所以，现当代作者笔下的茶总是围绕着他们对于古代的想象和西方思维的断续侵入而展开的。古典与现代的冲突，正好

[1] 学界对于钱锺书的研究，一直以来都比较活跃，大多数学者都承认，钱锺书对现当代文学创作和批评有着十分重要的影响。主要体现在，钱氏著作《管锥编》对西方比较文学的方法和视野在中国文学研究中的落地生根具有不可磨灭的贡献，钱氏创作的小说《围城》，也令其虽称不上现代小说大家但足可以进入小说名家的行列。相关论述可参见赵毅衡:《〈管锥编〉中的比较文学平行研究》，《读书》1981 年第 2 期；张德劭:《〈管锥编〉与中国比较文学的兴起》，《社会科学》1992 年第 6 期；杨扬:《钱锺书〈围城〉与中国现代小说》，《图书馆杂志》2005 年第 11 期。

借着茶的意象运用而被凸显了出来，令人可以清楚地看到现代作者在创作时的挣扎与不安。他们心中压抑了太久的创作热情一旦爆发，便会如同下泄的洪水一样，依靠声嘶力竭地呼喊，达到振聋发聩之效果。于是，痖弦忍不住在《我的灵魂》一诗里，大声宣布：

我的灵魂要到峨眉去
藏在木鱼中做梦
坐在禅堂里品茶
趺在蒲团上悟出一点道理来[1]

从诗人想要回到峨眉、藏在木鱼、坐在禅堂等一类宏伟愿望中，可以清楚看出，久居海外的诗人离这些东方故乡的什物越来越远是不争的事实。在现代社会中，他们无力改变东方文化正被西方文化一点点侵袭、吞噬掉的局面。整个东方正变得再也没有什么令人惊艳的特点，而东方人似乎也只空留下木鱼和禅堂这点宗教手段了。诗人心中大概是十分认同古人视茶为“涤烦解渴”之神物的观点的，所以，诗人渴望借助于品茶获得的清醒和思想认识的提高，以解决在现实中面临的种种问题。那么，现代人到底能不能在饮茶的当儿，“趺在蒲团上悟出一点道理来”呢？答案还需要去另一首诗中寻找。时间和机会对每个人都是平等的，只要他肯花力气去寻觅，他就会像翟永明在《时间美人之歌》中所表现出来的那样敏感，面对“时间美人”，与朋友“偶坐茶园”聊天，恐怕会是一个不错的选择：

某天与朋友偶坐茶园
谈及开元、天宝

[1] 痖弦著：《痖弦诗集》，广西师范大学出版社 2016 年版，第 246 页。

那些盛世年间
以及纷乱的兵荒马乱年代

……

某天与朋友偶坐茶园
谈及纷纷来去的盛世年间
我已不再年轻，也不再固执
将事物的一半与另一半对立
我睁眼看着来去纷纷的人和事
时光从未因他们，而迟疑或停留[1]

“偶坐茶园”的好处是，可以一边欣赏茶树之青翠欲滴，一边品尝茶园自产的纯天然、无污染的上等好茶。然而，将一个现代人置于如此纯粹古典的情境中，多少还是有些不够和谐的地方。因为年轻的现代人是无法打量出“时间美人”之美的，他们只会“谈及开元、天宝 / 那些盛世年间 / 以及纷乱的兵荒马乱年代”等令现代人匪夷所思的事件，这事件的背后迎合了现代人对时间流逝的感叹，但却没有点明感叹的缘由。直到“我已不再年轻，也不再固执 / 将事物的一半与另一半对立”，“时间美人”才开始真正成为现代人的朋友，之前谈论的古典事件突然也获得了新生，从而勾起人们对于时间的悼念和对生活的憧憬。这毋宁说也是一种全新的自我审视方式，对于重新发现并找回自我意义的深远至关重要。

诗人总是敏感而神经质的，尤其是对一个现代女性诗人来说，她的时间世界更是一个令人匪夷所思的奇妙存在，但却充满诱惑力。

[1] 翟永明著：《潜水艇的悲伤：翟永明集 1983—2014》，作家出版社 2015 年版，第 140—143 页。

或许，“偶坐茶园”的女诗人已经跌入某种时间陷阱，她用“兵荒马乱”暗示人们她正在被现代性的时间所吞噬。在快节奏的现代生活和智能革命的双重打击下，人类不幸成为彻头彻尾的流浪者，无休止地被驱逐出自身[1]。女诗人明白，历史上的“盛世”似乎总是惊人的相似，当她依靠想象力将其中的片段或瞬间“从它的系列中取出来，把它再现为跟随它的源泉点（source-point），似乎它就是现在，这样，它就变成了一个具有它自己的持存与延展（这些延展最远可以触及我们实际的现在）的视野的核心”[2]。所以，“时间美人”在一盏茶的工夫，最终模糊了现代人“心灵的时间”和“世界的时间”之间的界限，至少在诗歌文本上是如此，她既不温婉也不驯服，而是如脱缰的野马，诱使着包括女诗人在内的所有现代人，迅速冲破现代主义的临界点，并屡屡尝试“用过去直面现在，从主流文化的围墙里颠覆主流文化，再现当代生活反讽的复杂性”[3]。某种程度上，“时间美人”的意图得以实现与女诗人“偶坐茶园”似乎不无关系，她们就像是一对始终纠缠在一起却永不可测量的“量子”，而茶就如同一次“量子”信息的完美释放，将被时间反复加密的现代性全息解码，女诗人则命中注定把握住了这一偶然契机，她在将“茶”写入诗歌的同时，也写出了现代人心中不置可否的现代性自我意识的膨胀。

现代人自我意识的显著增强或者泛滥，在欧阳江河的《茶事2011》里体现得更加明显，其诗曰：

[1] 参见［墨西哥］帕斯著，赵振江译：《批评的激情》，云南人民出版社 1995 年版，第 253 页。

[2] ［英］奥斯本著，王志宏译：《时间的政治：现代性与先锋》，商务印书馆 2014 年版，第 80 页。

[3] ［美］詹克斯著，丁宁等译：《现代主义的临界点：后现代主义向何处去？》，北京大学出版社 2011 年版，第 117 页。

袋泡茶，从星际旅行箱扔了出来，
但还是有人偷偷溜出时间，
在陆羽身边落座，
把《茶经》讲给新闻主播听。
福建人从各省的拆迁户
弄来几把老椅子，往北京一搁。
几个老字号，把牌匾挂在修远处。
茶，是万古事，能在星巴克喝吗？[1]

这首诗可以说是现代诗中少有的以“茶”名题的精心之作，称得上是真正意义上的当代茶诗。诗中的古典意象——茶，与现代意象“袋泡茶”“星际旅行箱”“老字号”“新闻主播”“星巴克”等交错出现，给人一种目不暇接之感，也压迫着读者的神经，不敢丝毫怠慢地继续阅读下去。欧阳江河很好地发挥了汉语节奏里“枪”的特质[2]，而茶在其中只不过是一颗子弹而已。所以，茶是“万古事”，只是如若在“星巴克”这样现代的连锁咖啡馆里喝，恐怕也就失去了其“万古事”的穿透力。以至欧阳江河到后来也不得不承认，他常常“以云的样子喝功夫茶。但怎么喝都像是盖碗茶”[3]。毕竟，在一般人看来，功夫茶是文雅之事，盖碗茶却是俗不可耐的行为艺术。在这里，欧阳江河也像钱锺书一样，西方化成就了他们喝茶的怪癖，他们都喜欢喝茶不假，但他们喝茶的方式却是完全现代的。

---

[1] 欧阳江河著：《如此博学的饥饿：欧阳江河集》，作家出版社 2015 年版，第 215—216 页。

[2] 欧阳江河在其诗《汉英之间》中曾这样描写道：“我居住在汉字的块垒里，在这些和那些形象的顾盼之间。它们孤立而贯穿，肢体摇晃不定，节奏单一如连续的枪。”意在说明，汉语是一种单音节词汇为主的语言，每个汉字都是一个独特的音节，读出了连续不断，就像是枪声的连续不断一样。见欧阳江河著：《如此博学的饥饿：欧阳江河集》，作家出版社 2015 年版，第 20 页。

[3] 欧阳江河著：《如此博学的饥饿：欧阳江河集》，作家出版社 2015 年版，第 217 页。

在他们身上，传承更多的不是古人的喝茶传统，而是从西方舶来的喝茶喜好和行为，比如“下午茶”和“在星巴克饮茶”。即使欧阳江河的品茶行为已经不完全属于当代，而是颇有点面向未来的戏谑，但“星际旅行箱”一词的嵌入，却无意中暴露了他西学的而不是国学的根底。因为，从根本上讲，这仍旧是彻头彻尾的西方化，其中明显带有的那种浓烈的科幻色彩，太容易令人产生类似的想象迁移了，并特别容易使人联系到“好莱坞”大片中常见的有关“星际旅行”的相应情节。然而，颇具反讽意味的是，西方的茶在根源上其实是从中国输入的，而西方的饮茶习惯和文化养成里，也或多或少是以东方的饮茶文化为基础和背景的。只不过，当西方的茶重又回归到它东方文化的母体时，所有的一切都已发生了变化，甚至孕育出了变革。

这种变革集中体现在茶文学形式的现代化方面，在钱杨夫妇打下的基础上，当代创作者在文学作品中不但打破了人们对“茶”的固有形象和固化思维，更在创作茶文学作品的潜意识中，将西方的理论思考引入其中，并对探索现代茶道复兴做出了相应努力。然而，中国的现代性与典型的西方现代性又是截然不同的，因为中国的现代性不是通过对宗教的批判而发生的，而是通过传统对现代性的适应被动产生的，中国没有西方意义上的宗教改革或启蒙运动，也没有经历世俗理性对传统的强烈批判。因而，此种背景下，中国茶道的复兴或曰茶道向现代性的转化，也不是一个非此即彼的选择题，现代性并不必然意味着对传统的排斥。而欧阳江河之所以发问“茶，是万古事，能在星巴克喝吗”，显然是一种明知故问的狡黠笔法，这里“并不涉及一个获胜的现在对过去的拒斥，而是表达了对过去和现在的创造性利用，是日常生活审美化的一部分”[1]。在这个

[1] [英] 杰拉德·德兰蒂著，李瑞华译:《现代性与后现代性: 知识、权力与自我》，商务印书馆 2012 年版，第 224—225 页。

意义上，欧阳江河的问题本身即是一个悖论，茶道当然需要现代性的介入，但“星巴克”远不是现代性本身，而将《茶经》讲给新闻主播听或许更具有现代性或者现代人的气质。照此逻辑，现代人也许会相信，如果有一天星际旅行能够实现，而那时的人们依然饮茶，那么，这将会是对茶道现代性的最好诠释之一。

四、城市、社会与人的现代性契机

不管我们是否愿意，现代社会始终会在科技进步和观念转变的过程中阔步前进，而更加令人沮丧和恐惧的是，走向现代竟然同走向死亡一样，是不可逆的。现代性的碎片将人们割裂，“生活不再以总体性的形式存在”“无时无刻的原子的无序状态”“意志的瓦解”“退回到最小状态的生活的振动和茂盛”终使人们成为“一个赝品”，并且无法抽身自保[1]。既然不能自保，我们就只能提心吊胆地向前走，就像是再次经历一场全新的、规模和深广度均不可揣度计量的大航海运动。正如卞之琳在心有余悸中匆匆写下的几行诗句，便十分形象而生动地说明了人们这种面向现代性的独特心理：

[1] 在面对现代社会生成的“原罪”、那被波德莱尔形容为“神奇地从单调生活的灾难中变化出现代性的幻景”时，无论敏感的诗人还是神经质的哲学家都表现得十分悲观失望。因此，包括波德莱尔、尼采、本雅明等在内，他们无不异口同声地对现代性展开了毫不留情的批判，其激烈程度足以让许多读者为之胆战。正是这些批判和情绪，最终构建起了现代性的理论大厦及特殊景观，并成为人们不可回避的现实。参见［英］弗里斯比著，卢晖临等译：《现代性的碎片：齐美尔、克拉考尔和本雅明作品中的现代性理论》，商务印书馆 2013 年版，第 46—50 页。

轮船向东方直航了一夜，
大摇大摆的拖着一条尾巴，
骄傲的请旅客对一对表——
“时间落后了，差一刻。”
说话的茶房大约是好胜的，
他也许还记得童心的失望——
从前院到后院和月亮赛跑。
这时候睡眼朦胧的多思者
想起在家乡认一夜的长途
于窗槛上一段蜗牛的银迹——
“可是这一夜却有二百浬？”[1]

诗中，“轮船向东方直航了一夜”句，在全诗开篇即拟设了一个航海中可能发生的情境[2]，夜色掩映中的航程或许更加充满不确定性，所以，“多思者”虽然“睡眼朦胧”，但却始终无法安静入眠，成全一个好梦。对于一个擅写梦境的现代诗人来说[3]，不能入梦无异于一种精神折磨，于是只能被迫“想起在家乡认一夜的长途”，其中的孤苦滋味似乎只有诗人自己知道。“一夜却有二百浬”与“一段蜗牛的银迹”，强烈的反差形成鲜明的对比，给人一种触目惊心之感，更加令“多思者”无法轻易释怀。与之完全相反，“茶

[1] 卞之琳著：《卞之琳代表作——中国现代文学百家》，华夏出版社 1998 年版，第 28 页。

[2] 参见吴晓东著：《临水的纳蕤思：中国现代派诗歌的艺术母题》，北京大学出版社 2015 年版，第 197 页。

[3] 梦是现代诗歌中一个颇具现代性特色的艺术母题，尤其受到了以卞之琳为主的一批现代主义诗人的重视，他们借助于对各种梦境的真实描述来反观对照自身处境，特别是将自身所处“人生逆旅”中的内心真实表露无遗，其中所充分展现出的时间意识、相对主义倾向、浮生若梦的情怀等，无不一步步将现代性的讨论引向深入。参见吴晓东著：《临水的纳蕤思：中国现代派诗歌的艺术母题》，北京大学出版社 2015 年版，第 202—210 页。

房”却在现代性的成长剧痛中承担了一个“抚慰者”的角色，代表着与“多思者”迥异其趣的另一类人，他们心甘情愿为“多思者”付出热情周到的服务，他们总是向貌似精英的人群推销茶水，不惜“从前院到后院和月亮赛跑”。他们或许并不懂茶，至少没有“多思者”思考得更多，他们过于单纯地看待“表”“时间”“自我”，更不知现代性迫近的黑暗黎明的空气是多么压抑而无法呼吸。然而，他们也并非一无是处，如诗歌所述，他们确实成了“多思者”眼中的一片风景，并在一定程度上激发了“多思者”的思维深度，这正是他们意义非凡的象征所在。或许，他们象征着在无望的现代社会的希望或者破除无望、焦虑情绪的良药；又或许，他们什么也不是，他们只是生计所迫的本能使然，但他们无疑是“多思者”眼中的一个契机，尽管他们对此竟然一无所知。

尤其值得注意的是，“茶房”绝不仅仅是一个现代社会的服务员形象，在其身后还隐藏着一个庞大的文化传统和一个以茶的产业、行业等为中心的社会结构存在。“茶房”不会随着现代社会的来临而消失殆尽，而是会不断变换容貌和身份，顽强地在现代社会结构中占据一席之地。而且，茶房和多思者之间并没有横亘着一条不可逾越的鸿沟，未来茶房和多思者很有可能成为一体，并形成一股强大的推动现代茶道和茶文学发展进步的洪流。因为，现代经济社会中，经济人、社会人和自然人的角色时刻都处在不断变换重组的阶段，有时候自然人的行为并不必然能够左右经济人、社会人的前途，而决定着产业和行业未来命运的经济、社会共同体则更能发挥举足轻重的作用。比如，日本茶道能够延续至今且生命力不衰，就与日本国内形成几大茶道世家和社会组织的持续努力不无关系[1]。同样，在华夏大地自然也不缺乏有识之士的呼吁，以及在茶道的共同

[1] 参见滕军著，[日] 千宗室审订：《日本茶道文化概论》，东方出版社 1994 年版，第 67—75 页。

理念团结之下而创立或自然形成的诸多社会团体。因此，在现代社会，茶道复兴已经不仅仅是某个自然人的个体行为，更成为政府、企业和某些非营利性公益组织的责任和目标。大益茶道院及文学院就是在这一背景中应运而生的时代宠儿，它们的目标就是帮助“茶”，这一中国古老文化的典型意象，重新在现代社会恢复青春的活力，并在与五花八门的现代饮品文化竞争中脱颖而出，完成一次历史性的突围或逆袭。

自大益茶道院成立以来，其所致力于的就不只是饮茶习惯的复兴，因为，这根本就用不着复兴。不管机器大工业和人工智能时代的人们如何喜新厌旧，茶从来都没有失去它重要饮品的地位，但是茶道的理念和思想却亟须与现代的学术理论相结合，以便对其进行充分而必要的现代性阐释。从而激发来自于古老传统的茶道的现代生命力，促进茶道在现代社会的接受和传播，并更进一步对古老茶道进行全新的定位、研究和科学改造，使其与健康、优雅、有品位等现代生活的追求理念相结合，成为引领人类现代化进程的重要方面。今天已经是一个科技、文化日新月异的时代，也许，以色列历史学家尤瓦尔·赫拉利在《人类简史：从动物到上帝》中所描述的那个依靠“智慧设计”生产和制作生命（包括人类自身）的时代很快就会到来[1]，人类终究不可避免地会向着“科学的怪物”全面进化，其最后的结果就是，人类将在史无前例的大发展中、在永恒的快乐中，彻底毁灭自己。从这个意义上讲，留给人们静心喝茶的时间恐怕已经不多了，而茶道也会在人类最后一次品茶体验中彻底消解，面对此情此景，人们要做的已无需更多，唯有加倍珍惜、加倍相爱。有鉴于此，“惜茶爱人”最终成为大益茶道院所秉承的最核心、最根本的理论宗旨，通过珍惜每一片融万千宠爱于一身的树

[1] 参见［以色列］尤瓦尔·赫拉利著，林俊宏译：《人类简史：从动物到上帝》，中信出版社 2017 年版，第 375 页。

叶，来关注人类自身命运、关心人类生命本体，以期心怀大爱地走向现代化和后现代化，这便是“惜茶爱人”的个中真义。同时，这还是两个方面的有机结合：一是要有“惜茶”之心，二是要有“爱人”之意。“惜茶”是基础方式，“爱人”是目标方向，正所谓“一芽一叶当思来之不易，一杯一盏常念物力维艰”[1]。同时，在这一过程中，茶道（也即中国传统茶道的现代变体）将充分吸收现代物质文明和精神文明的发展成果，茶道的内涵及表现形式，也会随着时代发展不断扩大、创新和发展。新时期茶道将融进现代科学技术、现代新闻媒体和市场经济精髓，使其价值功能更加显著，对现代化社会的建设作用进一步增强[2]。古老的茶道思想或许还可以直接与现代的学术、思想对话，促进人们对现代性以及对现代化进程认识的深化和历史性反思。“现代性从工业时期到风险时期的过渡是不受欢迎的、看不见的、强制性的，它紧紧跟随在现代化的自主性动力之后，采用的是潜在副作用的模式。几乎可以这样说，风险社会格局的产生是由于工业社会的自信（众人一心赞同进步或生态影响和危险的抽象化）主导着工业社会中的人民和制度的思想和行动。风险社会不是政治争论中的可以选择或拒斥的选项。它出现在对其自身的影响和威胁视而不见、充耳不闻的自主性现代化过程的延续中。后者暗中累积并产生威胁，对现代社会的根基产生争议并最终破坏现代社会的根基”[3]。面对如许可能的风险和危机，茶道或许还能从中充当一个“批评者”的角色，以促成一种“不确定性的回归”（专指在风险社会中，对由技术工业发展所引起的威胁的不可预测性的认识需要对社会凝聚之基础的自我反思和“理性”

[1] [2] 参见吴远之主编：《大学茶道教程》（第二版），知识产权出版社 2013 年版，第 173—175 页、第 171 页。

[3] [德] 乌尔里希·贝克等著，赵文书译：《自反性现代化：现代社会秩序中的政治、传统与美学》，商务印书馆 2014 年版，第 9—10 页。

的普遍准则和基础加以审查）[1]，把人从对科学、对物质的盲目崇拜中拯救出来，并为危机四伏的现代和后现代社会涂抹上一层温情脉脉的颜色。

在茶道的现代性变异中，文学又会发生什么或起到什么作用呢？虽然，茶道和文学的关系在当代文学作品中的表现已不是那么明显，但这仍旧不排除它们之间可以有一种隐性的关联，而大益文学院的工作则在某种程度上让这一隐性的关联明朗化。凭借着文学奖项的设置以及各种征文活动，大益文学院在有意无意中为现代茶文学作品的创作、发表提供了资助和平台。然而，这并不是最重要的，茶和文学之所以能够继续它们现代的旅程，根本上还是源于茶与文学的沉思品质。茶与文学都是人类最伟大的发明，尤其在越来越扁平化的世界里，人与人之间已经没有任何距离，正如美国记者托马斯·弗里德曼所描绘的那样，在电脑、手机、互联网等高度发达的时代，世界对每个人来讲已经没有隐私[2]，然而，看似肤浅得一目了然的世界和生活日常，却更加值得人们深思。当尼采宣布“上帝死了”、J. 希利斯·米勒鼓吹“文学死了”[3]，甚至本雅明、约翰·巴斯、欧文·豪等人都先后发现“小说死了”[4]的时代来临，人类的日常生活却越发显得诡异而令人费解，精彩得如同“小说”或曰“文学”一样的日常生活，最终仍会使人陷入沉思，正如身处后现代社会的人们一定会在某种刺激下摇身变成后现代学者一样，文学始终会对那些心存反思的人不离不弃。一旦茶者的反思和文学的反思重新汇聚在一起，茶与文学便可再造一个现代化的的世界，

[1] 参见贝克等著，赵文书译：《自反性现代化：现代社会秩序中的政治、传统与美学》，商务印书馆 2014 年版，第 13 页。

[2] 参见［美］托马斯·弗里德曼著，何帆、肖莹莹、郝正非译：《世界是平的：21 世纪简史》（内容升级扩充版），湖南科技出版社 2008 年版，第 95—136 页。

[3] ［美］J. 希利斯·米勒：《全球化时代的文学研究会继续存在吗？》，《文学评论》2001 年第 1 期。

[4] 敬文东：《日常生活》，《十月》2017 年第 6 期。

而不管人们是否情愿成为其中的一员。正如诗人张枣的敏感发现，“夜半，神仙呵斥着东边的小白驹/一片茶叶在跳伞，染绿这杯水的肉身”[1]，夜的出现与诗的在场，只有借由茶的意象才能清晰表达出来，因为“夜与夜之间互不相连。人在经历了长久的生活，经历了大约两万个夜以后，却从不知道在哪一个特别特别古老的夜里踏上了进入梦乡之路”[2]。由此，茶叶带我们“进入梦乡”，它优雅的跳伞的身段、染绿水的肉身的梦想，使我们重新审视自己，这也就意味“反思”，反思“人类沉重的肉身”何以沉重，反思“作为此在的存在”何以存在。从巴赫金到妓院，从利奥塔到紧身衣，肉（身）体变成了我们现在关注最多的事物之一。受伤的肢体，遭难的躯干，被炫耀的或者被囚禁的身体，受抑制的或者有欲望的身体[3]，我们的世界到处都充斥着这些，在我们的书籍、网络和影视作品中，肉体分毫毕现，无不一次次警示我们自问：这是为什么，这是为什么，这是为什么……自从人类发明了机械计时装置，时空已经明显分离，机械计时工具的广泛使用不仅促进而且预设了日常生活组织会发生深刻的结构变迁[4]，而我们将怎样在这巨大变迁中立足，茶叶和水的肉身在时空错置之后会是怎样的结局，都需要我们进行深入思考。

正是从这些反思开始，茶道与文学才得以相会在现代世界的一隅——大益文学院。同样是在这里，现代文学创作者不断衍生出对茶和文学的不同理解。当泡茶时，其实就是在“倾听水落在杯子里

[1] 语出张枣诗《西湖梦》，收入张枣著：《张枣的诗》（2版·蓝星诗库金版），人民文学出版社2016年版，第247页。

[2] 见［法］加斯东·巴什拉著，刘自强译：《梦想的诗学》，生活·读书·新知三联书店2017年版，第188页。

[3] 参见［英］特里·伊格尔顿著，华明译：《后现代主义的幻象》，商务印书馆2000年版，第69页。

[4] ［英］安东尼·吉登斯著，赵旭东、方文、王铭铭译：《现代性与自我认同：现代晚期的自我与社会》，生活·读书·新知三联书店1998年版，第18页。

的声音”，人们便不会再感到孤单。诺贝尔文学奖获得者勒克莱齐奥在“面向世界的写作——‘大益文学’之西安论坛”的一席话首先引发共鸣，与会诗人、批评家耿占春也表示，茶是在兴奋和理性之间的一个东西，喝茶可以让人沉默，这和文学相似。而文学又是什么呢？文学也许就是现代社会的最后“巫师”，可以让人收获一种宗教情怀，慢慢去体会个体与宗教的隐秘的联系。重回带着启迪、让人开窍的一种状态，文学还让人在现代物欲横流的社会也能收获一种形而上的东西，而不是一味追求物质。文学不单属于个别个体的，也是属于人类的。又或许，文学就像母亲的菜篮子，那里面收纳了人类日常生活所需，也收纳了人类进步的阶梯——书籍。最终，在大益文学院，这世界的一隅，文学、文道与茶道相融合，滋养精神，丰富灵魂，而大益文学院，即是茶道与文学完美联姻的见证。

综上所述，茶道和茶文化的复兴，在当今社会其实存在着两种不同路径。一种是将茶道、茶文化视作传统儒释道文化的一部分，要复兴茶文化就要在传统儒释道复兴的大背景下进行，并逐渐通过自己切身体验，将现代茶悟与现代茶学区分开来；另一种是对西方茶文化采取完全信任和包容，时刻认识到茶文化在逐渐走向世界的同时，也不忘眷顾它的故乡，茶道总是行走在它不断提高、攀升的路上。因为，“道”只有一个，某种程度上“道”就是普遍真理的代言，由于普遍所以唯一，根本不存在古今和东西方的差别[1]。但就茶文学作品和其背后文化现状而言，东方创作者意欲变革的心理占了相当大的比重，汉语也正在一次次的现代革命中与茶相遇，最终这一切都落实在了当代不断涌现出的与茶相关的重要文本上，并形成了一小波与茶相关的实验写作风潮。茶对于现代写作者来讲，首先关乎其自身的文化承袭，即使经过了不断西化和现代性变异，中华传统的儒释道思维仍然会时不时在现代写作者的笔下露出马

[1] 参见牟宗三著:《中西哲学之会通十四讲》，上海古籍出版社 1997 年版，第 2—8 页。

脚；其次，茶在承袭传统的同时，也面向未来，成为来自于未来时空的一个重要意象，并发挥着其模拟未来、展望未来和体验未来的重要作用。特别是当现当代人深处现代社会喧哗骚动的无形深渊，面临无处不在的形而上焦虑之时，就更加需要一种能够抚慰其受伤心灵的安慰剂。茶很显然在有时候是能胜任这一角色的，并通过现当代少量但不失经典的茶文学作品显现出其足以由传统跨入未来的能力。

正是有这些现代性极强的茶文学作品的存在，才使得我们当今的茶文化及其背后的深层意涵和形而上学——茶道，重又走上了一条通向复兴和繁荣的康庄大路。而且，这种复兴绝不是一味地复古、一味地怀念过去，而是具有植入现代社会“泥土”并开花结果的旺盛生命力。冈仓天心所谓的中国传统茶道确实已经衰落下去了，或者说已经走入了生命的尽头。但是，通过饮茶而去解决现实问题的人类内在需求是不会就此消失的，只要人类社会还要继续向前进步，茶就会在新的社会阶段被人类品出新的滋味，随即也就产生了新时代的茶文学作品并渐趋组成了崭新的茶文化和茶道。

总之，世界瞬息万变，茶道自然不会一成不变，但万变不离其宗的是，茶文学作品总会在现实问题的刺激下做出有力回应，而茶道也会在茶文学作品的回应中不断给人以启迪。

参考文献

（一）古典文献类（含现代整理、编著版本）

高亨注：《诗经今注》，上海古籍出版社 2009 年版。

阮元校刻：《十三经注疏·清嘉庆刊本》（影印本），中华书局 2009 年版。

杨伯峻编著：《春秋左传注》，中华书局 2009 年版。

杨伯峻译注：《论语译注》，中华书局 1958 年版。

杨伯峻译注：《孟子译注》，中华书局 1960 年版。

班固著，颜师古注：《汉书·艺文志》，中华书局 1962 年版。

常璩著，任乃强校注：《华阳国志校补图注》，上海古籍出版社 1987 年版。

达仓宗巴·班觉桑布著，陈庆英译：《汉藏史集》，西藏人民出版社 1986 年版。

范晔撰，李贤等注：《后汉书》，中华书局 2012 年版。

房玄龄等撰：《晋书》，中华书局 1974 年版。

沈约撰：《宋书》，中华书局 1974 年版。

司马迁撰，裴骃集解，司马贞索隐，张守节正义：《史记》，中华书局 2011 年版。

王溥撰：《唐会要》（卷八十四“杂说”篇），中华书局 1955 年版。

袁珂校注：《山海经校注》，北京联合出版公司 2013 年版。

曹雪芹、高鹗:《红楼梦》，人民文学出版社 2005 年版。

陈鼓应注译:《老子今注今译》，商务印书馆 2006 年版。

陈鼓应注译:《庄子今注今译》（最新修订重排本），中华书局 1983 年版。

冯梦龙撰:《警世通言》，中国画报出版社 2015 年版。

纪昀、陆锡熊、孙士毅等原著，四库全书研究所整理:《钦定四库全书总目》（整理本），中华书局 1997 年版。

兰陵笑笑生著，戴洪森校点，梦梅斋制作:《金瓶梅词话》，人民文学出版社 1992 年版。

凌濛初:《初刻拍案惊奇》，中国画报出版社 2015 年版。

刘义庆著，张万起、刘尚慈译注:《世说新语译注》，中华书局 1998 年版。

罗贯中、施耐庵:《水浒传》，人民文学出版社 1976 年版。

罗贯中:《三国演义》，人民文学出版社 1973 年版。

普济著，苏渊雷点校:《五灯会元》，中华书局 1994 年版。

沈德符撰:《万历野获编》，中华书局 1959 年版。

沈括著，胡道静校证:《梦溪笔谈校证》，上海古籍出版社 1987 年版。

苏与撰，钟哲点校:《春秋繁露义证》，中华书局 1992 年版。

吴承恩著，黄肃秋注释:《西游记》，人民文学出版社 2005 年版。

吴乘权等辑:《纲鉴易知录》，中华书局 2009 年版。

永瑢、纪昀等编纂:《钦定四库全书》（文渊阁影印本），上海古籍出版社 2000 年版。

中国基督教两会:《圣经》（中英文和合本），爱德印刷有限公司 1996 年版。

白居易著，顾学颉校点:《白居易集》，中华书局 1999 年版。

北京大学古典文献研究所编纂:《全宋诗》，北京大学出版社

1991 年版。

陈衍著，郑朝宗、石文英校点：《石遗室诗话》，人民文学出版社 2004 年版。

董诰等编：《全唐文》，上海古籍出版社 1990 年版。

杜甫著，仇兆鳌注：《杜诗详注》，中华书局 1999 年版。

方健汇编校证：《中国茶书全集校证》，中州古籍出版社 2015 年版。

费振刚、仇仲谦、刘南平校注：《全汉赋校注》，广东教育出版社 2005 年版。

封演撰，赵贞信校注：《封氏闻见记校注》，中华书局 2005 年版。

高泽雄、黎安国、刘定乡著：《古代茶诗名篇五百首》，湖北人民出版社 2014 年版。

顾炎武著，黄汝成集释，栾保群、吕宗力校点：《日知录集释》（全校本），上海古籍出版社 2006 年版。

韩愈著，马其昶校注，马茂元整理：《韩昌黎文集校注》，上海古籍出版社 2014 年版。

皎然著，李壮鹰校注：《诗式校注》，人民文学出版社 2003 年版。

李莫森编著：《咏茶诗词曲赋鉴赏》，上海社会科学出版社 2006 年版。

李渔著：《李渔全集·闲情偶寄》，浙江古籍出版社 1987 年版。

刘勰撰，范文澜注：《文心雕龙注》，人民文学出版社 1958 年版。

刘学锴撰：《温庭筠全集校注》，中华书局 2007 年版。

刘禹锡著，瞿蜕园笺证：《刘禹锡集笺证》，上海古籍出版社 1989 年版。

陆机著，张少康集释：《文赋集释》，人民文学出版社 2002 年版。

陆羽撰，李勇、李艳华注：《茶经》，华夏出版社 2006 年版。

陆羽撰，沈冬梅校注：《茶经校注》，中国农业出版社 2007 年版。

逯钦立辑校：《先秦汉魏晋南北朝诗》，中华书局 1983 年版。

梅尧臣著，朱东润校注：《梅尧臣文集编年校注》，上海古籍出版社 1980 年版。

欧阳修著，洪本健校笺：《欧阳修诗文集校笺》，上海古籍出版社 2009 年版。

彭定求等编：《全唐诗》，中华书局 1999 年版。

［日］千宗室编：《茶道古典全集》，淡交社（日本）1977 年（昭和五十一年）版。

钱时霖、姚国坤、高菊儿编：《历代茶诗集成》（宋金卷），上海文化出版社 2016 年版。

钱时霖、姚国坤、高菊儿编：《历代茶诗集成》（唐代卷），上海文化出版社 2016 年版。

钱时霖选注：《中国古代茶诗选》，浙江古籍出版社 1989 年版。

钱锺书：《宋诗选注》，生活 • 读书 • 新知三联书店 2002 年版。

苏轼著，冯应榴辑注，黄任轲、朱怀春校点：《苏轼诗集合注》，上海古籍出版社 2001 年版。

苏轼著，张志烈、马德富、周裕锴主编：《苏轼文集校注》，河北人民出版社 1986 年版。

孙映逵校注:《唐才子传校注》，中国社会科学出版社 2013 年版。

王夫之著，戴鸿森笺注：《姜斋诗话笺注》，人民文学出版社 1981 年版。

王思任撰：《王季重杂著》（影印《明代论著丛刊》第三辑本），伟文图书出版有限公司（台北）1977 年版。

王维撰，陈铁民校注：《王维集校注》，中华书局 1997 年版。

吴楚材、吴调侯选：《古文观止》，中华书局 1959 年版。

徐鹏校注：《孟浩然集校注》，人民文学出版社 1989 年版。

徐渭撰：《徐渭集》，中华书局 1983 年版。

严可均辑:《全上古三代秦汉三国六朝文》，中华书局 1958 年版。

严羽著，郭绍虞校释：《沧浪诗话校释》，人民文学出版社

1961 年版。

杨东甫主编，杨东甫、杨骥编：《中国古代茶学全书》，广西师范大学出版社 2011 年版。

袁行霈撰：《陶渊明集笺注》，中华书局 2003 年版。

袁枚著，别曦注译：《随园食单》，三秦出版社 2005 年版。

詹杭伦、沈时蓉校注：《历代律赋校注》，武汉大学出版社 2009 年版。

詹锳主编：《李白全集校注汇释集评》，百花文艺出版社 1996 年版。

张岱著，冉云飞校点：《夜航船》，四川文艺出版社 1996 年版。

张岱著，云告点校：《琅嬛文集》，岳麓书社 1985 年版。

张岱撰：《陶庵梦忆・西湖梦寻》，上海古籍出版社 1982 年版。

赵方任辑注：《唐宋茶诗辑注》，中国致公出版社 2001 年版。

朱世英选注：《茶诗源流》，中国农业出版社 2011 年版。

朱自振、沈冬梅编著：《中国古代茶书集成》，上海文化出版社 2010 年版。

邹同庆、王宗堂著：《苏轼词编年校注》，中华书局 2002 年版。

（二）现代学术专著及文学作品类

《中国茶文化大观》编辑委员会编：《清茗拾趣》，中国轻工业出版社 1993 年版。

陈彬藩：《中国茶文化经典》，光明日报出版社 1999 版。

陈椽：《茶叶通史》，中国农业出版社 2008 年版。

陈珲、吕国利：《中国茶文化寻踪》，中国城市出版社 2000 年版。

陈平原：《中国散文小说史》，北京大学出版社 2010 年版。

陈文华：《中华茶文化基础知识》，中国农业出版社 2003 年版。

陈寅恪：《陈寅恪集・柳如是别传》，生活・读书・新知三联书店2001年版。

陈柱:《中国散文史》，江苏文艺出版社2008年版。

丁以寿:《中华茶道》，安徽教育出版社2008年版。

杜维明:《二十一世纪的儒学》，中华书局2014年版。

关剑平:《禅茶:历史与现实》，浙江大学出版社2011年版。

郭建勋:《先唐辞赋研究》，人民出版社2004年版。

郭预衡:《中国散文史》，上海古籍出版社2000年版。

韩经太:《中国诗学与传统文化精神》，四川人民出版社1990年版。

胡晓明:《中国诗学之精神》，江西人民出版社2001年版。

黄来镒:《茶道与易道》，浙江大学出版社2013年版。

梁漱溟:《东西方文化及其哲学》，中华书局2013年版。

林瑞萱:《韩国茶道九讲》，武林出版有限公司（台湾）2003年版。

林瑞萱:《日本茶道源流——南方录讲义》，陆羽茶艺股份有限公司（台北）1991年版。

林语堂:《林语堂散文》，北京出版社2008年版。

林治:《中国茶道》，中国工商联合出版社2000年版。

鲁刚:《文化神话学》，社会科学文献出版社2009年版。

鲁迅:《鲁迅全集》，人民文学出版社2010年版。

鲁迅:《中国小说史略》，人民文学出版社2005年版。

罗学亮主编:《中国茶道与茶文化》，金盾出版社2014年版。

欧阳江河:《如此博学的饥饿:欧阳江河集》，作家出版社2015年版。

裴斐:《李白十论》，四川人民出版社1981年版。

钱锺书、杨绛著，文祥、李虹编:《钱锺书杨绛散文》，中国广播电视出版社1997年版。

钱锺书:《槐聚诗存》，生活·读书·新知三联书店1996年版。

钱锺书:《管锥编》，生活·读书·新知三联书店2014年版。

钱锺书：《谈艺录》，生活·读书·新知三联书店 2007 年版。

孙机：《中国古代物质文化》，中华书局 2014 年版。

滕军著，千宗室审定：《日本茶道文化概论》，东方出版社 1994 年版。

王玲：《中国茶文化》，中国书店 1992 年版。

吴觉农主编：《茶经述评》，中国农业出版社 2005 年版。

吴小如：《古典诗文述略》，北京出版社 2016 年版。

吴远之主编：《大学茶道教程》（第二版），知识产权出版社 2013 年版。

痖弦：《痖弦诗集》，广西师范大学出版社 2016 年版。

杨绛：《将饮茶》，生活·读书·新知三联书店 2010 年版。

杨绛：《我们仨》，生活·读书·新知三联书店 2004 年版。

姚国坤：《惠及世界的一片神奇树叶——茶文化通史》，中国农业出版社 2015 年版。

姚卫群：《佛学概论》，宗教文化出版社 2002 年版。

叶舒宪编选：《结构主义神话学》，陕西师范大学出版总社有限公司 2011 年版。

余英时：《论天人之际：中国古代思想起源试探》，中华书局 2014 年版。

袁宾主编：《禅宗词典》，湖北人民出版社 1994 年版。

袁珂：《中国神话传说：从盘古到秦始皇》，世界图书出版公司北京公司 2011 年版。

翟永明：《潜水艇的悲伤：翟永明集 1983—2014》，作家出版社 2015 年版。

张枣：《张枣随笔选》，人民文学出版社 2011 年版。

张隆溪著，冯川译：《道与逻各斯——东西方文学阐释学》，江苏教育出版社 2006 年版。

周作人：《苦茶随笔》，北京十月文艺出版社 2011 年版。

周作人：《雨天的书》，人民文学出版社 2000 年版。

朱大可：《华夏上古神系》，东方出版社 2014 年版。

朱自振、沈汉：《中国茶酒文化史》，文津出版社（台北）1995 年版。

［德］恩斯特·卡西尔著，甘阳译：《人论》，上海译文出版社 1985 年版。

［英］弗雷泽著，汪培基、徐育新、张泽石译：《金枝》，商务印书馆 2012 年版。

［日］冈仓天心著，谷意译：《茶之书》，山东画报出版社 2010 年版。

［美］哈罗德·布鲁姆著，江宁康译：《西方正典》，译林出版社 2015 年版。

［法］克洛德·列维－斯特劳斯著，张祖建译：《结构人类学》，中国人民大学出版社 2006 年版。

［捷克］米兰·昆德拉著，董强译：《小说的艺术》，上海译文出版社 2004 年版。

［法］罗兰·巴特著，屠友祥、温晋仪译：《神话修辞术：批评与真实》，上海人民出版社 2009 年版。

［美］马瑞纳托斯著，王倩译：《米诺王权与太阳女神：一个近东的共同体》，陕西师范大学出版总社有限公司 2013 年版。

［法］莫里斯·布朗肖著，吴博译：《在适当时刻》，南京大学出版社 2015 年版。

［日］桑田忠亲：《茶道六百年》，北京十月文艺出版社 2016 年版。

［美］斯科尔斯、［美］费伦、［美］凯洛格著，于雷译：《叙事的本质》，南京大学出版社 2015 年版。

［美］苏珊·桑塔格著，程巍译：《疾病的隐喻》（汉英对照本），上海译文出版社 2014 年版。

［美］托马斯·福斯特著，梁笑译：《如何阅读一本小说》，南海出版公司 2015 年版。

［英］萧伯纳：《萧伯纳戏剧集》，人民文学出版社 1956 年版。

（三）近现代期刊文献及论文类

［美］J. 希利斯·米勒《全球时代的文学研究会继续存在吗？》，《文学评论》2001 年第 1 期。

安国梁：《神话原型、寓言与颠覆性的表述方式——论〈匹克梅梁〉的思想、艺术特征》，《信阳师范学院学报（哲学社会科学版）》2004 年第 6 期。

柏秀娟：《从茶诗看唐代文人的隐逸情怀》，《农业考古》2003 年第 2 期。

陈椽：《<“神农得茶解毒”考评>读后反思》，《农业考古》，1994 年第 4 期。

陈红伟、王平盛、陈枚、李思颖、白秀珍：《布朗族与基诺族茶文化比较研究》，《西南农业学报》2010 年第 2 期。

措吉：《<格萨尔>中的茶文化》，《西藏研究》，2004 年第 4 期。

邓玉函、葛恒君：《神话、礼化与商化：云南少数民族茶文化功能变迁探析》，《广西民族大学学报（哲学社会科学版）》2016 年第 5 期。

丁国强：《游走在“乐群”与“乐道”之间——从“交游酬唱”诗看中唐湖州文人茶友的文化心态》，《湖州职业技术学院学报》2014 年第 4 期。

丁文：《唐茶道的文化特征》，《农业考古》1995 年第 2 期。

顾风：《我国中、晚唐诗人对于茶文化的贡献》，《农业考古》1995 年第 2 期。

关剑平：《陆羽的身份认同——隐逸》，《中国农史》2014 年第 3 期。

韩金科：《试论大唐茶文化》，《农业考古》1995 年第 2 期。

韩世华：《论茶诗的渊源与发展》，《中山大学学报（社会科学版）》2000 年第 5 期。

韩星海：《“中华茶祖”神农炎帝及其考》，《上海茶叶》2009 年第 2 期。

胡文彬：《茶香四溢满红楼——〈红楼梦〉与中国茶文化》，《红楼梦学刊》1994 年第 4 辑。

黄桂枢：《云南普洱茶文化区民族饮茶习俗考》，《饮食文化研究》2007 年第 1 期。

赖功欧：《中国哲学中的自然与隐逸观念及其茶文化内核》，《农业考古》1998 年第 2 期。

蓝棣之：《作为修辞的抒情——林徽因的文学成就与文学史地位》，《清华大学学报（哲学社会科学版）》2005 年第 2 期。

李斌城：《唐人与茶》，《农业考古》1995 年第 2 期。

李广德：《陆羽是大文学家与陆羽热和陆羽学问题》，《农业考古》2015 年第 2 期。

李萍：《中国传统文化与茶道四境说》，《北京科技大学学报（社会科学版）》2015 年 10 月第 5 期。

林徽因：《静坐》，《大公报·文艺副刊》1937 年 1 月 31 日。

林徽因：《写给我的大姐》，《学文》1947 年 7 月。

林瑞萱：《陆羽茶经的茶道美学》，《农业考古》2005 年第 2 期。

刘学忠：《从〈茶经〉“九之略”探陆羽的茶道取向》，《阜阳师范学院学报（社会科学版）》2007 年第 6 期。

吕美生：《韩愈 “文以载道新探”》，《安徽大学学报（哲学社会科学版）》1985 年第 1 期。

吕维新：《唐代茶文化的形成和诗歌文学的繁荣》，《茶叶机械杂志》1994 年第 3 期。

敏塔敏吉、琴真：《哈尼族茶文化研究》，《思茅师范高等专科学校学报》2007 年第 2 期。

漆绪邦:《皎然生平及交游考》,《北京社会科学》1991 年第 3 期。

钱宗范、朱文涛：《炎帝和炎帝文化辨析》，《广西右江民族师专学报》2005 年第 1 期。

沈文凡、潘玉环：《唐代茶诗体式述略》，《文艺评论》2014 年第 4 期。

施由明：《自由的性灵舒放与刻意的精神修炼——试析中国茶文化与日本茶道的根本不同》，《农业考古》2009 年 4 月。

史念祖：《〈全唐诗〉中的陆羽史料考述》，《中国农史》1984 年第 1 期。

孙机：《中国茶文化与日本茶道》，《中国历史博物馆馆刊》1996 年 6 月。

田兆元、明亮:《论炎帝称谓的诸种模式与两汉文化逻辑》,《华东师范大学学报（哲学社会科学版）》2007 年 5 月刊。

王玲：《儒家思想与中国茶道精神》，《北京社会科学》1992 年第 2 期。

王融初:《茶祖神农其人与湖湘茶业的传播发展》,《茶叶通讯》2009 年第 1 期。

文野、英峰：《中唐湖州茶文化圈——兼谈陆羽等与茶道文化的诞生》，《楚雄师范学院学报》2015 年第 5 期。

吴水金、陈伟明:《宋诗与茶文化》,《农业考古》2001 年第 4 期。

徐克定：《英国饮茶轶闻》，《农业考古》1992 年第 2 期。

扬之水：《两宋茶诗与茶事》，《文学遗产》2003 年第 2 期。

杨嘉铭、琪梅旺姆：《藏族茶文化概论》，《中国藏学》1995 年第 4 期。

杨扬：《钱锺书〈围城〉与中国现代小说》，《图书馆杂志》2005 年第 11 期。

尹志邦、杨俊:《茶道“四谛”略议》,《成都理工大学学报(社会科学版)》2007 年第 3 期。

余悦、陈玲玲:《唐宋茶诗哲理追求综论》,《农业考古》2010 年第 5 期。

余悦:《中国茶诗的总体走向——在日本东京都演讲提纲》,《农业考古》2005 年第 2 期。

张德劭:《〈管锥编〉与中国比较文学的兴起》,《社会科学》1992 年第 6 期。

张建立:《日本茶道浅析》,《日本学刊》2004 年第 5 期。

赵国栋、于转利、刘华:《浅谈四大名著中对茶运用频率的差别及〈三国演义〉中的茶》,《蚕桑茶叶通讯》总第 155 期。

赵金锁:《藏族茶文化:茶马贸易与藏族饮茶习俗》,《西南民族大学学报(哲学社会科学版)》2008 年第 5 期。

赵睿才、张忠纲:《中晚唐茶、诗关系发微》,《文史哲》2003 年第 4 期。

赵毅衡:《〈管锥编〉中的比较文学平行研究》,《读书》1981 年第 2 期。

竺济法:《“神农得茶解毒”由来考述》,《茶博览》2011 年第 6 期。

后 记

2014年，博士毕业之后，我曾经有很长一段时间陷入迷茫。压在身上的论文重担虽然得以片刻缓解，但习惯了钻研问题的我却因一时找不到继续研究的课题，而变得手足无措。我甚至有种担心，毕业了，是不是我就再也过不了那种手不释卷、通宵达旦的生活了，再也无法安静地躲进国家图书馆，直到夜幕降临，直到人声鼎沸的紫竹院在竹林的沙沙作响中逐渐歇下扭动的腰肢，直到广场舞的人流早已如鸟兽四散。

我并不想苛责世事的喧哗骚动，也无意标榜心无旁骛的书生意气，我只是在习惯了做一件事情之后，觉得一生能够做好一件事情已实属难得，恐怕在我人生短暂的停留中和有限的精力内，我已无力再做更多、更好的事情。除了读书、码字，我更倾心能像古人一样抚琴、弈棋，在慢节奏中永远做一个长不大的孩子。某种意义上，是不断地上学、读书延长了我的童年，呵护了我的童心。十几年前和我同上小学、中学、大学的多数人，如今早已为人妇、为人夫，甚至为人师、为人父母了，而我却常常以“还在上学”这样一个颇为牵强的理由，去塞责亲朋好友的诸多热心肠。

结婚、生子，人生的正常程序被一次次“升学”无情滞后了。即使在外人看来是多么无聊、不可理喻，这世上总会有一些人喜欢思考，并时常乐此不疲。在还没有正常学制的时代，学习其实类似于参加一场休闲活动。史上著名的湖畔派、散步派文人、学者，常常三五一群结交出游，曲水流觞、觥筹交错，是游戏，也是诗歌和哲学。时而，他们也会窜行于闹市，被不明就里的人们崇拜，号称某某天王、某大才子之类。他们甚至非常在意衬衫上的纽扣式样，执着于花纹和质地，他们代表了一种顽固不化的中产阶级趣味。

而今，诸如顽固不化、冥顽不灵等一类形容词已成为我的人生标签。在一些场合，当我被介绍为某某博士时，我心里还有过窃喜；而在大多数场合，我宁愿那个被介绍的人不是我，不是我多好，这样我就不会因为找不到一个地缝钻进去，而觉得亏欠了世界。事实上，我仍旧停留在书桌的私密空间里，我迫切需要能遮挡隐私的封闭寓所，哪怕只有其中一隅。在这个空间里，我可以为所欲为地看书，而不必担心不怀好意的窥探和偷拍；也许，我还可以畅所欲言地写作，而不必迎合某些读者、某类人群的特殊要求和癖好。

时间如果能重来，人生如果可以反复，宇宙如果是平行的，我想，我仍旧会是那个喜欢佯装思考其实是在做梦的人间不速之客。来到世界是一个偶然，而选择如何打发一生的时间，更是偶然之偶然。作为一个现代人，我不相信进化论中关于一个个生命的所以然事件类推，我甚至怀疑即使进化论的作者达尔文也大概不甚笃定他所架构的生命进化模式。当一条鱼变成一只展翅飞翔的小鸟，庄子不会认为那是进化的必然进程，而是从中发现了“道”，那个远比一切科学都更实在的真理。

在有限的时间里谈谈关于茶的文学作品和形而上学，也许并不是徒劳无功的。况且，即使如此常见的饮料，也不是每个人都能喝出深刻的味道。一如我们看惯红尘，却丝毫没有思索红尘的能力。我们只能眼睁睁看着，日月光华在耀眼的人造光源前消亡，我们已经习惯了没有星星的夜晚，习惯了在安静的顺从中吸入大量PM2.5，同时，不忘赞叹一句，“那是多么迷人的景色和味道”。只是我们的生活仍在循规蹈矩，但为了不必陷入朝九晚五式的轮回，我们唯有祈求一双发现美的眼睛，那还带着茶香的诗和文章，那形而上学中的“道”与文学，都可以被列入用于去发现的行列。

我很庆幸，机缘巧合中，“发现”居然能主动找上门。那是一个偶然的机会，恰逢我又在尘世的繁杂中徘徊无意、迷失自我的时候，那具麻木的身体不经意间竟靠近了一扇旋转不停的时空之门。那时，三月的暖阳还没能完全拂去冬日的寒霜，漫无目的走在街头的我，正跺脚呵气茫然四顾、不知所措，突然感觉到一阵头重脚轻，旋转的时空之门便似真空吸尘器一般将我卷进了另一个温暖如花的世界。在我眼前，神奇地出现一间茶室，一方茶桌，但见茶桌正中放着一只花瓶，里面插着一束枯荷，看一眼就足以让人联想起盛夏荷塘蜂飞蝶舞的热闹场景。再仔细看时，茶室南墙的一副对联尤其引人深思，上书“洁静正雅、守真益和”，横批“惜茶爱人”，几个隶书大字，字字圆润遒劲，笔意融通致远。未及认真端详，倾心领会，一盏热气氤氲的香茶已然来到眼前，随之而来的还有一群以前我从未接触，头脑里全无概念的茶道中人。

自我结识了这群茶道中人，喝茶对于我来说便不再只是一种人体生理的习惯使然，而更多地成为一种文化心理的需求和精神生活方面的享受。特别是在结识了大益茶道院院长吴远之先生之后，喝茶更是等同于坐而问道，我以前关于学问、人生的种种不解，都在与吴先生的问难当中得到了清晰可见的解答。似乎仅仅令我想起冬日里的一抹暖色并不足以概括吴先生带我初入茶门的感受，那些灵光一闪、吉光片羽般的片段，那些内心深处最微妙的变化，就如同无法辨识和说清楚的茶之滋味，于我而言，无啻电闪雷鸣中的时空倒置。德国诗人诺瓦利斯说过，“哲学就是怀着永恒的乡愁寻找家园”，茶或许就是我的乡愁所在吧。

渐渐地，在吴先生的指导下，我对茶有了一定了解。无论是茶之可上溯千年的历史文化，还是吴先生在当下所倡导的“静品”心法，都适时填补了我的知识空白。学茶当然不能浅尝辄止，吴先生的循循善诱，也促使我开始思考起一点有关“由茶入道”的问题来，并试着将这一问题与我所熟悉的文学领域相关联。虽然，这种关联还略显粗糙，但作为一个开始，我业已对有关茶的诗词歌赋颇为着迷，进而萌生出些许必发之而后快的浅见陋识。那么，将此归结起来，以备日后谈资，聊供喷饭啜茗，自然也不失为一种乐趣盎然的诚心清雅之举。对此，吴先生也是兴趣十足，他不但多次鼓励我坚定以所学研治茶道的信心，还在百忙之中与我探讨研究的细节，并直接促成了“茶道与文学”这一研究课题在大益茶道院的立项。随后，吴先生亲自撰写了研究大纲和提要，更是在我所写初稿的基础上，屡次增删，不断修改。吴先生的辛劳，最终使我受益良多，我仿佛又重新攻读了一个博士学位，带着无以言表的欣喜和感动。以诗为证：

因遇茶人促茶缘，
此心聊赖乃可迁。
啜茗堪比朝论道，
冶句犹如晚逢仙。
坐问山林煮泉意，
卧听诸夏辩难篇。
平生学问无竞处，
更作疏文奉人前。

吴先生曾说，现代人喝茶与古代人是完全不同的，不仅方式不同，即使茶的味道也会因为制作工序和技术水平的差异而迥然有别。今天，我们揣摩古人喝茶的用意，恐怕已不能单纯根据茶水的味道判断，而需要更多地依靠古人关于茶的文字。为了制作上等茶饮，古人可以“上穷碧落下黄泉”，直到寻找到最优质的芽叶。同样，为了写出关于茶的最美诗句和最真体悟，古人也可以“餐风饮露”“无眠不休”，直到可以将“茶”之一字，变幻出各种美称佳语，镶嵌入不朽篇章。以此观之，制茶与为文，其实大有相通之处，当李白飘飘欲仙的时候，茶何尝不是如白蝙蝠一样助青莲居士轻举飞升呢？在东坡先生“尝尽溪茶与山茗”的过程中，想必他也不会仅仅停留在“从来佳茗似佳人”的诙谐幽默里。毕竟，东坡一生走南闯北，可不全是为了游山玩水那么简单。他被贬谪，被下狱，被渡海，一切有关“被”的经历，比之现代人都要刻骨铭心多了。即便如此，他仍然可以悠然向人讲解茶可以破闷解渴的种种神效，大有“肴核既尽，杯盘狼藉”随它去，我自“以不变应万变”相对待的架势。因之，东坡可以“不知东方之既白”，亦能于“物我无尽”中“托遗响于悲风”，又焉知这不是茶的功效使然呢？

作为一名寝馈于古典文学日久的研究者，我对于茶的体认自然少不了掉掉书袋。只是，一旦与吴先生及茶道中人交谈对饮，我便如大梦初醒，顿觉情况不妙，只怕是我又长时间忽略了茶亦是我们当代最不可忽略的饮品之一，这样一个最不容争辩的事实。茶不仅生长在五千年的历史文化长河中，也点缀着我们今天日益现代化的日常生活。而且，不管我们是否情愿，由茶而思及当下，都将是有心事茶（同时也是省身）之人，避无可避、必须回答的一个哲学问题。如同文学世界里，哈姆雷特关键时刻的彷徨，我们都在各自的生活里打旋儿。面对现代生活中的琐碎、凡庸和被消费观念打扮得日益嚣张并五光十色的欲望，卢卡奇曾不无悲观地断言，人正在不断被现代生活物化抑或异化，现代人或许再也无法回到故乡，去过一种宁静而诗意的生活。当此境地，饮茶之思就尤其显得特别重要，至于思什么，每个人似乎都会有不同的答案，但只要人类开始思考，上帝就会朝我们微笑。

的确，自从走出伊甸园，阿芙洛狄忒的金苹果便成为我们永恒的乡愁或智慧之殇。虽然，在这一过程中，牛顿曾被那枚金苹果侥幸砸中，因而爱因斯坦才可以站在牛顿的肩膀上摘取满天星辰。但那又能怎么样呢？在苍茫宇宙中，我们仍旧是那比微尘还要渺小的细颗粒物，并饱受现代文明下的诸种暴力伤害，直到遍体鳞伤，我们才会下意识地发问，“为什么是我，居然我还活着”。经历如此荒诞不经的事件，在现代社会却又是如此寻常，就像婴儿的诞生和老人的死去一样。当个人的“小时代”单曲循环，我们谈不上兴奋，也说不上悲伤。我们只有小心翼翼地照照镜子，成为自己——成为别人眼里那个令其嫉妒艳羡的“别人家的”，或是成为那个令人莫名生厌又聊以心安的“那谁谁”。

在这中间，茶和茶道会是一个什么角色，文学又将何为、何去何从呢？在现代科学日新月异之际，在所有无辜受难的现代性症候感染者面前，茶或许就是那不可方之物，而文学是否确定已经死了，我们依然无法知晓。茶道终究不是精致生活的锦上添花，也不是小资和中产阶级情调的庸俗表达。茶道也不等同于文学，但饮茶可助文思似乎并不需要科学证明，当我们遵循某种指引，完成一种仪式，我们仍然可以感受李白与苏轼曾经感受过的历史瞬间和当下之思。人类总是最容易将自己遗忘，而茶道和文学也许会使我们彼此铭记。

也许，海市蜃楼终究是现实生活的泡影，一切美丽繁华的春梦亦不过是意淫而已。也许，喝茶再也不是古已有之的样子，羽扇纶巾也好，琴箫和鸣也罢，都已不再是喝茶应有的题中之义。在今天，之所以还有很多人在喝茶，那也只是因为他们口渴了，而同时他们觉得淡水实在无味，酒水太需要一个“局气”十足的场合，又不是什么时候都能满足。于是，有心人开始喝茶，甚或谈心，并不太介意谈论一点道学和文章，仅此而已。

总之，在今天选择喝茶，而不是饮酒，对于我来说并不是出于显示自己精神的高贵，哪怕是我长篇累牍地谈论有关喝茶的诸多便利和益处，也并不代表我能像古人一样悟出茶中真理。只是，我想借着如此卑微的写作时刻，以我不甚了了的懵懂说辞和不知所云的奇怪言语，向出于各种原因而看到我的文字的朋友们表示我所能给予的感谢。

感谢吴远之先生和大益茶道院给我提供机会，使我能在“茶道与文学”这样一个颇具挑战的研究课题里承担一些基础性工作，并聆听吴远之先生的教诲。同时，也要感谢东方出版社的编辑杨灿女士，正是她的严谨和专业，才为我的写作增加了一抹亮色。

感谢我的妻子，始终在背后默默支持我的写作事业，尽管日夜匆匆而过，但爱与理解却不曾随岁月流走。

感谢我刚刚降生的女儿，她的呱呱坠地是甜蜜而沉重的负担，也是我写作之余的最大收获和幸福所在。

2018 年 7 月 16 日凌晨　耿晓辉记于京南叶嘉庐

图书在版编目（CIP）数据

茶道与文学 / 吴远之，耿晓辉 著 . — 北京：
东方出版社，2018.9
ISBN 978-7-5207-0502-8

Ⅰ. ①茶⋯ Ⅱ. ①吴⋯ ②耿⋯ Ⅲ. ①茶文化—研究—中国
②中国文学—文学研究 Ⅳ. ① TS971.21 ② I206

中国版本图书馆 CIP 数据核字 (2018) 第 162528 号

茶道与文学
（CHADAO YU WENXUE）

作　　者：吴远之　耿晓辉
责任编辑：肖　刚　杨　灿
出　　版：东方出版社
发　　行：人民东方出版传媒有限公司
地　　址：北京市西城区北三环中路 6 号
邮政编码：100120
印　　刷：北京楠萍印刷有限公司
版　　次：2018 年 9 月第 1 版
印　　次：2020 年 12 月第 2 次印刷
开　　本：880 毫米 ×1230 毫米　1/32
印　　张：7.625
字　　数：143 千字
书　　号：ISBN 978-7-5207-0502-8
定　　价：39.00 元
发行电话：（010）85924663　85924644　85924641